量子重力理論とはなにか

二重相対論からかいま見る究極の時空理論

竹内　薫　著

ブルーバックス

装幀／芦澤泰偉・児崎雅淑
カバーイラスト・もくじ・章扉／中山康子
本文イラスト／Gripen
本文図版／さくら工芸社

プロローグ

　もともと中学のときにブルーバックスの『ブラック・ホール』『相対論的宇宙論』『四次元の世界』といった物理関連書を読んでワクワクドキドキしたのがきっかけで，ボクは物理学徒になってしまった。

　そして，気がついたら，今年で科学作家歴20年。この本はボクが書いた8冊目のブルーバックスになっていた。「五十にして天命を知る」というが，もしかしたら，このまま好きなブルーバックスを読みつづけ，書きつづけるのがボクに与えられた天命なのかもしれない（笑）。

　とはいえ，もう，わかりやすく比喩を駆使して書く仕事は充分にしてきたつもりだ。そこで，この本では，無理な比喩はあまり使わずに，ボク自身がもっている時空の物理学の「身体感覚」をそのまま読者に伝えてみようと思う。

　これまでのボクのブルーバックスに関しては，「あまりにたくさんのことが書かれていて好きじゃない」という読者の声もちらほら聞かれた。だから，この本では，テーマを「相対論」「量子化」「量子時空」の3つに絞って書くことにした。相対論については，ほとんど特殊相対論だけにし，量子化についても交換関係を中心にし，量子時空についても（超ひも理論などはすでに他のところで書いているので），二重相対論とその周囲のことだけを書くことにし

た。

　ボクが科学書の要(かなめ)と考えているイラストは，いつもインターネット関連の仕事をお願いしているGripen氏に描いてもらうことにした。ところどころ，最近流行りの「萌え」風のイラストが登場するが，びっくりしないでいただきたい。

　本書のテーマはズバリ「時空の物理学」。人類の時空の概念に革命を起こしたアインシュタインの相対論をグラフで理解するところから始めて，それが量子論とどうやって融合できるのか，という最前線の話題で締めくくる構成になっている。

　ボクが持っている時空の物理学のワクワクドキドキ感を少しでも読者に伝えることができれば——。そんな思いをこの本に込めたつもりだ。

　この本の題名は「量子重力理論とはなにか」となっているが，その意味は，**「最小限の数式で量子重力の〈入り口〉までたどり着く」**。さまざまな量子重力理論の特徴を紹介するのが目的ではないので，誤解なきようお願いしたい。

　さて，このプロローグでは，相対論，時空，次元，量子，重力といったキーワードについてカンタンな解説をすることにしたい。ミニ百科という趣向である。気楽に読み始めてください。

相対論　正式には相対性理論という。相対論には2種類ある。重力を扱わない特殊相対性理論は1905年にアインシュタインが発見した。重力なども扱える一般相対性理論は

1915年頃に、やはりアインシュタインが発見した。ちなみに、アインシュタインといえば相対論で有名だが、ノーベル賞（1922年に1921年度のノーベル賞を受賞）の業績は量子論であった。

時空　アインシュタイン登場後、物理学では、渾然一体（こんぜんいったい）となった時間と空間をまとめて「時空」と呼ぶようになった。英語ではspace-timeとかspacetimeと書く。相対論では時間と空間は互いに混ざり合う。もはや分離して考えるわけにはいかない。これは学校の組みたいなものだ。時間と空間はアインシュタインにより、「時空組」に入れられてしまった。もう離れるわけにはいかない。

次元　ぶっちゃけた話、「拡がり」のこと。0次元は「拡がりがない」ことを意味し、1次元は「線路のような一方向への拡がり」を意味し、2次元は「平面や曲面のような2方向への拡がり」を意味する。以下、数字が増えても同じ。ただ、物理学や数学では、特定の次元が面白い。たとえば4次元には無限にたくさんの微分法が存在したり、11次元が超ひも理論の最大次元だったりする。なお、メートルや秒といった「単位」（units）のことも次元という場合があるので、混乱しないように！

量子　娘に量子（りょうこ）という名前をつける物理学者が多いといわれているが、真偽のほどは定かでない（笑）。ここでは「りょうし」と読み、「物理量の最小単位」と考えていただ

きたい。量子のふるまいは確率的にしか計算できない。量子の確率解釈に怒ったアインシュタインは「神はサイコロ遊びなどしない」と言ったけれど、どうやら神様は、実際には、かなりのギャンブル好きのようだ。量子は見方により「粒子」にも見えるし「波」にも見える。数学的には「行列」でも記述できるし「微分積分」でも記述できる。量子は「モノ」というよりは「コト」（あるいは現象）に近い代物である。

重力　宇宙には4種類の力がみなぎっている。その4つには強い力、電磁力、弱い力、重力という名前がついている。他の3つの力の素になる量子は、物理学者たちが実験で発見しているが、なぜか、一般人にウケのいい（というより誰でも感じている）重力の素になる量子だけは、未だ発見されていない。実際、他の3つの力は量子論でうまく記述できるのだけれど、重力だけは量子論で記述することに誰も成功していない。つまり、一見あたりまえの存在である重力は、物理学的には、理論も実験も未完成のままなのだ。

古典と現代　物理学にも古典（クラシック）と現代（モダン）がある。通常は、量子論以降を現代物理学と呼び、それ以前のニュートン力学や電磁気学や相対性理論は古典物理学に分類される。だが、相対性理論は、ある意味、古典と現代の過渡期の理論であり、大学でも現代物理学の授業で教わる。現代物理学の一つの特徴は「関係性」にある。

物の性質よりも，物と物の関係のほうが重要になるのだ。

　いかがだろう？　実は，これはちょっと引っかけだったのです（失礼！）。いくら言葉でわかりやすく説明しようとしても，もともと数式で記述される理論物理学の世界をすべて言葉に置き換えると，かえって混乱することがあるのだ。このミニ百科は，その具体例なのだ。

　だから，この本では，あえて数式を使って時空の物理学の本質を書くことにした。でも，仮に数式の意味がわからなくても，それは数学の問題であり，物理学の問題ではないから，どうか，読むのを止めないでいただきたい。物理学にとって数学は「道具」であり，どうやって使われるかという「流れ」さえわかれば，実は物理学のストーリーは追うことができる。

　この本では，重力を量子論で記述するにはどうしたらいいかを考えるのだが，それは未完成である上に数学が複雑なので，「からめ手」から攻めて，特殊相対論から出発することになる。特殊相対論には光速度という「宇宙の制限速度」が存在するが，もう一つ別の制限をもうけることにより，相対論の基準を変形してダブル（二重）相対論にしよう，というアイディアがあるのだ。そのもう一つの制限が量子重力と関係してくるので，二重相対論は量子重力理論への「入り口」とみなすことができる。

　あえて数式を使い，なおかつ，高等数学を回避するために，二重相対論から量子重力の世界を垣間見よう，という作戦なのである。

ここで一つだけ読者にお願いしておきたいことがある。

　この本を読み終わっても、もしかしたら、「二重相対論がわかった」「量子重力の具体的なイメージがつかめた」という感動は残らないかもしれない。それにはボクの筆力の問題もさることながら、そもそも二重相対論や量子重力理論自体が、高度に抽象的な学問領域だ、という特殊事情が存在する。

　現代物理学は、どんどん抽象的になり、「関係性」ばかりが重要になり、「誰と誰の関係なの？」という場合の「誰」、いいかえると「物」に相当する部分が妙に希薄になってきている。かつて知り合いの実験物理学者はボクに真顔でこう詰め寄った。「キミのやっていることは、もはや物理学じゃないよね？　だって、実験できないんだもん！」（当時、ボクは科学者の卵として量子重力理論の一種である超ひも理論を勉強していた）

　時間や空間が大切なのではなく、時間と空間の「関係」をあらわすローレンツ変換が大切なのだ。それが特殊相対論。

　量子の状態をあらわす観測値が大切なのではなく、観測装置との関係が大切なのだ。量子論では観測する側の状態が、観測される側に影響を与えてしまう。

　現代物理学は、もはや「物」から乖離（かいり）している。ボクはその様子をあえて哲学的に「モノからコトへ」と表現している。

　だから、この本を読んで、「抽象的でフワフワしている」という印象が残ったとしたら、あなたの感触は正し

い。そのとりとめのない感覚こそが，現代物理学における時空の真の姿なのだ。

こりゃあ，陳腐な哲学よりも，下手なSFよりもずっと面白いぜ。ちょっとだけアタマを切り替えれば，世界の見え方はガラリと変わる。

この本には，物理学の最先端における，極限まで「コト」に近づいた時空の姿がそのまま書いてある。数式の「雰囲気」もそのまま紹介してある。難しく，複雑で，抽象的なその姿には，でも，どこか抗えない魔力が潜んでいる——。

平成22年　春　竹内薫

もくじ

プロローグ 5

第1章
相対論の世界 ―― 17
(絶対的世界から相対的世界へ)

古典論のアタマを相対論のアタマに切り替える 18

ちょっと特殊な単位系 23

ローレンツ変換入門 29

ローレンツ変換が殺人の目撃証言の矛盾を解消してくれる 33

ローレンツ変換から出てくる収縮のからくり 35

ローレンツ変換から出てくる「時計の遅れ」のからくり 39

斜交軸と時空図の読み方 43

あなたから見た相手の動き, 相手から見たあなたの動き 48

ミンコフスキー図で見るローレンツ収縮 54

ミンコフスキー図で見る時計の遅れ　57

ローレンツ変換で変わらない不変量　59

ミンコフスキー図の描き方　61

● なぜ目盛りが間延びするのか？　63

相対論における絶対基準＝光速　66

まとめ　66

第2章

量子論の世界 ── 69
（交換できる世界から交換できない世界へ）

量子論の特徴をいくつか　70

ハイゼンベルクの不確定性原理　72

角運動量と不確定性　75

● なぜ l ではなく $\sqrt{l(l+1)}$ なのか　80

交換関係と不確定性の関係　81

　　　● 行列の掛け算の憶え方　90

量子論は「観測する側」と「観測される側」が切り離せない理論　92

魔法のフィルター　94

ヒルベルト空間は怖くない　97

　　　● ブラケットとケットブラと期待値　99

　　　● あなた好みの偏光のからくり　107

　　　● 量子論における「観測」の意味　109

量子化の具体例　110

　　　● 重力列車　119

　　　● 交換関係を実現する行列でない具体例　123

　　　● 行列の対角化の意味　124

まとめ　126

第3章

二重相対論 ——— 129
(あるいは量子重力への前哨)

スナイダー理論の衝撃　130

- スナイダー理論のローレンツ不変性　144
- 数学の例で「くりこみ」を理解する　146

真の量子重力理論を「垣間見る」ために　149

- 自然単位系　152

どちらが曲がっているのか　153

平らで交換しないと曲がっている？　160

スナイダー理論と二重相対性理論の関係　163

まとめ　165

第4章
量子重力理論の迂回路
―― 167

特殊相対論と一般相対論 168

　　● シュワルツシルトの人生　173

レッジェ計算 174

ディラックの見果てぬ夢 177

　　● 重力の量子化の概要　180

エキゾチックな微分構造 180

　　● 微分構造が同じ,微分構造がちがう?　185

エピローグ 190

参考文献 198

さくいん 202

第 1 章
相対論の世界
(絶対的世界から相対的世界へ)

量子重力理論の本なのに、なぜ相対性理論から始めるのか？

　読者は不思議に思われるかもしれないが、実は相対論を「拡張」した理論を理解することにより、量子重力のエッセンスをつかむことができるのだ。

　わかりやすい概念から始めて、発想を拡げていくようにしなければ、量子重力理論のような専門家のための理論を理解するのは難しい。だから、最初は相対論からご紹介することにしたい。

　とはいえ、類書と同じような紹介の仕方では、多くの読者が退屈してしまうだろうから、ここでは相対論の「グラフ」を中心に説明することにしたい（あまり日本の物理教育では普及していない方法だと思う！）。

■古典論のアタマを相対論のアタマに切り替える

　相対論は、いまだにムズカシイという印象があるが、さすがに1905年に発見されてから100年以上がたっていて、今では大学の初年級の現代物理学の授業で教わるようになった。

　それでも、教えている先生が黒板に教科書を丸写しにすることもあるようだ。先生が身体感覚で理解していないものが学生に伝わるはずもないから、そういう先生に相対論を教わったら、教わったほうは「訳わっかんねえよ！」と叫びたくなっても不思議ではない。

　相対論がムズカシイのは、ひとえにニュートン力学の根深い先入観が邪魔するためである。高校時代にニュートン

力学(古典論)を一所懸命に勉強した人ほど,相対論の革命的な考え方についていくことができない。なんとも皮肉な話である。

　古典論と相対論の考え方を次のようなエピソードで比較してみよう。

　22世紀。あなたは宇宙船で太陽系ツアーの真っ最中だ。火星での休日を終え,これから木星の周回軌道へと向かうところ。人類のテクノロジーの進歩はすさまじく,今や光速の50パーセント(=マッハ約45万!)での星間旅行も可能になっている。宇宙船の窓から美しい宇宙の星々を眺めていたあなたは,斜め前方から,火星へ帰還する(同じ型の)宇宙船がやってくるのに気がついた。やがて,2隻の宇宙船はすれちがう。相手の宇宙船の側面には巨大な時計が設置してある(あなたの宇宙船の側面にも時計がある)。あなたは,いったい何を目撃するだろう?

　まず,ニュートンの古典論の考え方では,空間と時間という「宇宙の容れ物」は絶対不変だと考える。空間の長さを測るモノサシや時間の経過を測る時計にも絶対基準があって,それと合わないモノサシや時計は単に「狂っている」とみなされる。

　だから,あなたは,自分の宇宙船の船内の時計と,すれちがう宇宙船の側面の時計がピッタリ合っていると予想するだろう。それから,相手の宇宙船は同じ型だから,その全長も自分の宇宙船と同じだと予想するだろう。

　ところが,実際には,相手の宇宙船の時計のほうがゆっくり進んでいるように見える。つまり,自分の宇宙船の時

計が「チクタク」とふつうに時を刻むのに対して，相手の宇宙船の時計は「チークターク」とゆっくり時を刻むように見える。それだけでなく，相手の宇宙船の長さが，本来の長さよりも縮んで見えるのだ！

アインシュタインの相対論では，空間と時間の測り方は絶対不変なものではなく，観測者に応じて変幻自在に基準が変わる。観測者に対して止まっているモノサシや時計と

第1章 相対論の世界（絶対的世界から相対的世界へ）

比べて，観測者に対して動いているモノサシや時計は，縮んだりゆっくり進んだりするのである。

同じ1メートルの長さのモノサシでも，それがあなたに対して止まっていれば1メートルだが，あなたに対して動いていれば1メートルより短く見える。同様に，同じ時計でも，それがあなたに対して止まっていれば針がふつうに1目盛りの時を刻むけれど，あなたに対して動いていれば1目盛り未満しか時を刻まない。

これが有名な「ローレンツ収縮」と「時計の遅れ」という現象だ。

まあ，よくよく考えてみれば，遊園地のメリーゴーラウンドの馬に乗りながら見る周囲の風景は「回転」して見えるわけで，観測者との関係で周囲の風景が変化して見えるのは，あたりまえだともいえる。でも，われわれは，空間や時間といった概念が絶対不変だと信じ込んでいるから，動いているとモノサシが縮んだり，時計が遅れたりするのを不思議だと考えてしまう。

まあ，ここまではいい。動いているモノサシや時計を「見まちがう」ことだってあるだろう。目の錯覚ってのもあるしな。

しかし，そもそも「見まちがう」というからには，どこかに絶対に正しい基準が存在して，それと比べて短かったり遅れているから「まちがい」という言葉をつかうわけだ。でも，それこそがニュートンの古典論の発想なのだ。アインシュタインの相対論では，基準なんてものは，そもそも絶対じゃなくて相対的なものだと考える（だから「相

対」論と呼ぶのである)。基準自体が相対的なものだとすれば、モノサシが縮んだり、時計が遅れたとしても、不思議でもなんでもない。

　ところで、真の問題は、あなたと相対的に逆の立場にある、木星から火星へと向かっている宇宙船の乗客から見た世界がどうなるかだ。

　ニュートンの古典力学では、絶対的な基準以外の立場は、すべて「まちがっている」とか「時計が狂っている」とみなすけれど、アインシュタインの相対性理論では、あらゆる基準が相対的に正しいとみなす。

　ニュートンの古典論の考えでは、木星から火星へ戻る途中の宇宙船の乗客は、「ああ、私の時計は狂っているんだわ」とか、「この宇宙船、歪んで短くなっちゃってる！　このままじゃ壊れちゃう！」と大騒ぎになるはずだ。

　でも、実際には、そんなことが起きる心配はない。木星から火星へ向かう宇宙船の乗客は、「あら、窓の外に見える（木星に向かう）宇宙船の時計、なんだか変じゃない？　遅れてスローモーションになってるわよ。それに、あの宇宙船、なんだか寸詰まりになってない？」と驚くのである。

　つまり、（互いに）相手が縮んでいて、相手の時計が遅れている、と主張することになるのだ。

　よろしいですか？　ここが相対論を学び始めたときの「肝」の部分なのだ。すれちがう宇宙船では、お互いに相手の状態が変だと主張し合うのである。互いに相手の時計がスローモーションになっていて、相手の宇宙船が縮んで

いると主張するのだ。

これは別に矛盾じゃない。でも，ニュートンの古典論の考え方から抜けきれないと，どちらか一方の主張が正しいにちがいないと，考えてしまう。100年前に，人類の英知は次なる高みへと昇った。アインシュタインの1905年の論文に載っている数式をつかえば，互いに相手が縮んで，相手の時計が遅れると主張しても，矛盾は生じないことがわかる。

それを以下に数式とグラフを用いて解説してみたい。

■ちょっと特殊な単位系

その前にちょこっとだけ準備が必要だ。

相対論や素粒子論や宇宙論を研究している物理学者が使っている単位系は，みんなが学校で教わる国際単位系（MKS単位系，SI単位系）ではない。もともと人類は，手の長さ（キュービット）とか，親指と人差し指を拡げた間の距離（尺）とか，足の長さ（フィート）のような身近なモノサシを基準として，世界を測ってきた。それは，自分の身の回りの世界を測るのに，自分の身体の大きさを基準にするという，きわめて自然な発想だった。

ところが，世界各国がてんでバラバラに長さ，重さ，時間などの単位を使っていたので，国際化が進むにつれて不便なことが多くなってしまった。そこで，フランス革命で王様をギロチンにかけた後の「合理的精神」とやらで，人間ではなく，地球を基準に単位を決めようということになり，たとえば，

地球の全周の4分の1を1万キロメートルと決める

という具合にメートルという長さの単位を決めたのである。とはいえ，なぜ地球一周の4分の1が1万キロメートルなのかといえば，「1メートルが人間の大きさを測るのにちょうどいい」ように調整したからなのだ。そんな人為的なごまかしをするなら，もともとあったフィートや尺でよかった気もするが，当時のフランスでは，「人間に左右されない」振りをすることが科学的だと考えられていたのかもしれませんなぁ。

さて，国際化が進んで，メートル（m），キログラム（kg），秒（s）が標準になったのはいいとして，将来，遠い宇宙の彼方に棲んでいる知的生命体との通信が可能になった暁には，MKS単位系も不便になってしまうにちがいない。なぜなら，この単位系は，（無理矢理）地球という特殊な惑星を基準にでっちあげたものであり，宇宙的な普遍性など端から持ち合わせていないからだ。

ちょっと話が脱線するが，いわゆる宇宙人の存在については，生物学者と天文学者とで，かなり意見がちがうらしい。生物学者は，そもそもDNAやRNAといった複雑きわまる遺伝物質が，宇宙のあちこちで偶然生まれるなんて信じがたいから，地球上の生命は宇宙の中でも稀な存在だと思うらしい。それに対して，天文学者は，宇宙の広大さと星や惑星の数の多さを観測で実感しているから，宇宙には生命が満ちあふれていると思うらしい。それぞれに発想の根拠があり，どちらも科学的であるにもかかわらず，正

第1章　相対論の世界（絶対的世界から相対的世界へ）

反対の意見をもっている点が興味深い。

　話を元に戻すと，とにかく，宇宙全体で不便なく使うことのできる単位系が必要だ。それが「自然単位系」（natural units）なのである。

　自然単位系では，宇宙のどこでも通用する物理法則をもとに単位を決める。まず，アインシュタインの相対性理論の基準となる光速cを1とおく。

$$c＝約30万キロメートル／秒＝1$$

　光速のMKS単位系での憶え方は「30万キロ毎秒」もしくは「マッハ90万」（＝音速の90万倍！）もしくは「1秒で地球を7周半」という感じだが，自然単位系では単に「1」であり，シンプルきわまりない。

　長さや時間ではなく，速さを基準としていることに違和感を覚える読者もいるかもしれないが，単位系としての整合性が保たれていれば，どんな物理量を基準，つまり「1」としたってかまわない。要は馴れの問題だ。

　次に量子力学の基礎定数である$\hbar$を「1」とおく。

$$\hbar＝(1.054571628 \pm 0.000000053) \times 10^{-34} \text{J·s}＝1$$

　$\hbar$は英語のエイチに横棒が刺さっているので「エイチバー」もしくは「ディラック定数」と呼ぶ。ディラックは電子や陽電子などを記述する「相対論的な量子論」の方程式を発見した人物だ。$\hbar$の意味は「不確定性」の度合い。（もともとはバーのないhを「プランク定数」と呼んでいた。マックス・プランクが1900年に発見した定数だ。そ

のhを2πで割ったものが$\hbar$である。そもそも「回転」が関係するときには常に2πが出てくるのだ)

量子論では,たとえば同時に素粒子の位置xと運動量pを誤差ゼロで測定することはできない。xの測定精度とpの測定精度は反比例の関係にあって,どちらかを精密に測定すれば,他方が不正確になってしまう。その反比例の係数が$\hbar$なのだ(不確定性のもっと詳しい解説は第2章をご覧ください)。

3つ目で最後の基準は,ニュートンの重力定数Gである。え? なんか変じゃない? 前節でさんざんぱらニュートンのアタマからアインシュタインのアタマへ切り替えろと言っていたのに,今さら「それでもニュートンさんは宇宙標準です」ってか? なんだか詐欺っぽいじゃないの。

読者はそう思われたかもしれないが,無論,ニュートンの発想のすべてが時代遅れというわけではない。たしかに絶対空間とか絶対時間といった考えはアインシュタインにより葬り去られたけれど,重力に関するニュートンの知見は偉大であり,アインシュタインがつくった重力理論(=一般相対性理論)でも重力定数Gは引き継がれている。

とにかく,宇宙全体を支配する重力の強さの基準であるGも「1」とおいてしまう。

$$G = (6.67428 \pm 0.00067) \times 10^{-11} \, \text{m}^3/\text{kgs}^2 = 1$$

ちなみに,素粒子物理学をやっている人は「軽い」素粒子を扱っているので,あまり重力の話をしないから,光速

cとディラック定数$\hbar$だけを「1」とおいて「自然単位系」と呼んでいる。

でも、大昔、宇宙が素粒子ほどの大きさしかなかった時代の物理学を研究している人たちは、cと$\hbar$のほかにGも「1」とおいて、「幾何学単位系」と呼んでいる。そのココロは、この3つの物理定数を「1」とおいてしまうと、あらゆる物理量が無次元になるから。つまり単位が消えてしまい、ある意味、物理学は幾何学と同じになってしまうのだ。

自然単位系や幾何学単位系を初めて見た読者のために簡単な演習問題をご用意しました。お暇な方は、ちょっと考えてみてください。

演習 天文学者が使う距離の単位に「光年」がある。たとえば、太陽系のお隣の星はαケンタウリであり、その距離は約4光年だ（実際には3つの星がある）。この「光年」と自然単位系で「光速 $c=1$」とおくこととは、どんな関係にあるのだろう？

答え 1光年は「光速で1年かかる距離」を意味する。光速は、通常は「毎秒約30万キロメートル」と記されるから、$c=1$ というのは、「約30万キロメートル／秒＝1」の両辺に「秒」をかけて、

$$1秒＝約30万キロメートル$$

ということである。いいかえると、「光速で1秒かかる距

離」が約30万キロメートルなのだ。光速で1秒かかる距離のことを「1光秒」という。$c=1$ という式は、だから、「1光秒」が「約30万キロメートル」であると言っているにすぎない。

　うん？　でも、光速cを「毎秒」ではなく「毎年」という単位で数えることにすれば、$c=1$ は、「1光年」が「約9.5×10^{12}キロメートル」であると言っていることになる！（←1年は365日、1日は24時間、1時間は60分、1分は60秒だから、1光年は、約30万キロメートル×365×24×60×60＝約9.5×10^{12}キロメートルになる）

　ちょっとこんがらがったかもしれないが、とにかく、$c=1$ というのがさほどおかしなことを言っているわけではないことだけはおわかりいただけただろう。光を基準に距離を測る「光年」や「光秒」のことにすぎないのである。

演習　身長180センチメートル、体重180キログラムのお相撲さんの身長と体重はどちらが大きいか？　（ただし、幾何学単位系で考えること！）

答え　これはようするに、幾何学単位系での自然な長さや重さがどれくらいか、という問題だ。第3章に出てくるが、幾何学単位系では、長さの「1」は約10^{-33}センチメートルのプランク長さであり、重さの「1」は約10^{-8}キログラムのプランク重さになる。プランク長さやプランク重さは「究極」の長さや重さを意味する。宇宙を極限まで分解

第1章 相対論の世界（絶対的世界から相対的世界へ）

したときの長さや重さの基準なのだ。で，180センチメートルはプランク長さの10^{35}倍程度であり，180キログラムはプランク質量の10^{10}倍程度だから，180センチメートルのほうが180キログラムより25桁も大きいことになる。

いかがだろう？　ちょっと違和感があるかもしれないが，自然単位系とか幾何学単位系がどれくらいの長さや重さを基準としているのか，徐々に馴れていってもらいたい。プランク長さやプランク重さの世界こそが，本書で扱う量子重力の領域だからである。

■ローレンツ変換入門

さて，ようやく準備が終わったので，宇宙船の話の矛盾点（？）を解消することができる。

数式というのは便利なもので，ふつうの言葉で考えているかぎりは「矛盾」としか思えないことも，わずか数行の数式を書いてみるだけで解決することがある。今の場合，宇宙船の矛盾を解消するには，次のような，たった2行の数式があれば事足りる。

ローレンツ変換の式

$$t' = \frac{t - vx}{\sqrt{1 - v^2}} \quad ①$$

$$x' = \frac{x - vt}{\sqrt{1 - v^2}} \quad ②$$

t：時間，x：空間，v：速度

これは（アインシュタイン変換ではなく）ローレンツ変換と呼ばれる数式だ。ある意味，これが「特殊相対性理論」のエッセンスであり，これだけ憶えておけば，誰でも相対性理論を語ることができる。ただし，一点だけ注意が必要だ。このローレンツ変換は，前節でやったばかりの自然単位系で書いてある。だから，学校の教科書に載っている公式とは少しちがう。学校の教科書には「光速c」が入っているからだ。

　さあ，困った。「$c=1$」とおいてしまったから，教科書の公式では，どこにcが入っているのかわからないゾ！これじゃ，試験のときにまちがってしまう！

　いえいえ，そんな心配は御無用。次の演習をやってもらえば，自然単位系で書かれた公式をMKS単位系の公式に戻すことが可能なことがわかっていただけるだろう。

演習　自然単位系のローレンツ変換の公式をMKS単位系に戻すこと（ようするに光速cの表記を復活させよ！）。

答え

$$ct' = \frac{ct - \left(\frac{v}{c}\right)x}{\sqrt{1 - \left(\frac{v}{c}\right)^2}}$$

$$x' = \frac{x - vt}{\sqrt{1 - \left(\frac{v}{c}\right)^2}}$$

いかがだろう？　さほど難しくなかったはずだ。xに合わせて$t \to ct$としたり、vに合わせて$v \to \dfrac{v}{c}$などとすればいいだけの話。この簡単な練習で、自然単位系を使うことに対する不安が払拭されれば幸いである。

MKS単位系でのローレンツ変換の公式は見にくいし醜い。光速cの入り方が、本来の公式がもっている対称性をぶち壊しているからだ。もともと、ローレンツ変換は、光速cを「宇宙で最速」と決めた理論における座標変換だ。最高速度である光速cが「1」であり、それ以下の速さは全て「光速cの何パーセントか？」という表示になる。たとえば、毎秒15万キロメートルであれば光速の50パーセントだから「$\dfrac{1}{2}$」という具合に、あらゆる速さが0から1の間の値をとる。自然単位系で書かれた公式は、単に「$c=1$」とおいただけでなく、公式のもつ本来の意味を明らかにしてくれる。

さて、ローレンツ変換の公式①②で、時間tと空間xを入れ換えてみてほしい。

$$t \Leftrightarrow x$$
$$t' \Leftrightarrow x'$$

とするのだ。いかがだろう？　この置き換えをしても、ローレンツ変換は、もとの公式と同じ形であることがわかるはずだ。つまり、ローレンツ変換の公式では、時間tと空間xは「対等」なのである。

一方、ニュートンの古典論では、ローレンツ変換に相当する式は（ニュートン変換ではなく）ガリレイ変換と呼ば

れているが，

$$x' = x - vt$$

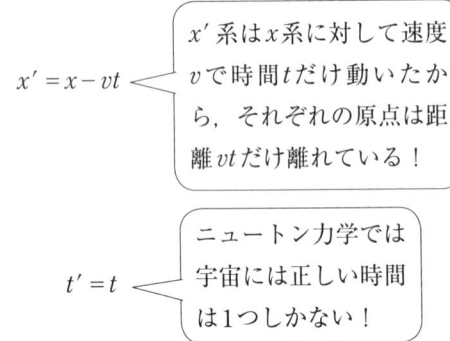

$$t' = t$$

となって，時間tと空間xが対称性をもっていないことに注意してほしい。

演習 ローレンツ変換の公式①②をtとxについて解くこと。

答え

$$t = \frac{t' + vx'}{\sqrt{1-v^2}} \quad ③$$

$$x = \frac{x' + vt'}{\sqrt{1-v^2}} \quad ④$$

もう一つ，ローレンツ変換の公式で，ダッシュ（'）がついている変数とついていない変数を取り換えてみてほしい。

$$t \Leftrightarrow t'$$

第1章　相対論の世界（絶対的世界から相対的世界へ）

$$x \Leftrightarrow x'$$

とするのである。そして，vを$(-v)$に変えると，元の公式①②をtとxについて解いた③④と同じであることがわかるはずだ。これはいったい，どういうことか？

　なに，簡単なことだ。あなたが乗っているロケット（使っている時間とモノサシはtとx）から見て，相手のロケット（t'とx'）が速さvで飛んでいる場合，相手のロケットから見て，あなたのロケットは速さ$(-v)$で飛んでいることになる。だって，視点を変えれば，動いている方向が逆になるんだから。

　ええと，あなたのロケットから見れば，相手のロケットは火星方向に飛んでいる。でも，相手のロケットから見れば，あなたのロケットは火星とは逆の木星方向に飛んでいる。だからvが$(-v)$になる。それだけのこと。

　こうやってローレンツ変換の性質を簡単にたしかめてみるだけで，この公式がきわめてうまくできていることに気づかれるだろう。個人的にボクはローレンツ変換はガリレイ変換より圧倒的に美しいと思う。読者のみなさんはいかがだろう？

　ローレンツ変換は，相対速度vで互いに動いている座標系同士の高い対称性をそなえた変換法則なのだ。

■ローレンツ変換が殺人の目撃証言の矛盾を解消してくれる

　座標系同士の変換法則というと難しく聞こえるが，なん

のことはない，ある事件をあなたと相手が目撃したとき，「あなたの時計・モノサシでの事件の証言」と「相手の時計・モノサシでの事件の証言」を通訳する手段のことである。

たとえば（あまりありえないシチュエーションで申し訳ないが），宇宙空間で殺人事件が起きたとしよう。相対速度 $v=\frac{4}{5}$ で動いているあなたと相手とでは目撃証言が食い違う。こんな具合に。

あなたの証言　殺人事件は $t=5$ に $x=4$
　　　　　　　で起きたよ！　見たんだから。

相手の証言　　いいえ，殺人事件は $t'=3$ に $x'=0$
　　　　　　　で起きたわ。わたしも見ました。

第1章　相対論の世界（絶対的世界から相対的世界へ）

　宇宙に時間と空間の尺度が一つしかなかったとしたら，あなたの証言と相手の証言の一方だけが正しく，他方はまちがっていることになる（2人ともウソをついている可能性もあるが……）。しかし，アインシュタインがいうように，宇宙に，観測者の状態に応じて，無数の時間と空間の尺度があるとしたら，あなたの証言も相手の証言も共に正しい可能性がある。実際，ローレンツ変換の式①②に2人の証言をあてはめてみると，

$$3 \stackrel{?}{=} \frac{5 - \frac{4}{5} \times 4}{\sqrt{1 - \left(\frac{4}{5}\right)^2}} \qquad 0 \stackrel{?}{=} \frac{4 - \frac{4}{5} \times 5}{\sqrt{1 - \left(\frac{4}{5}\right)^2}}$$

$$= \frac{\frac{25-16}{5}}{\sqrt{\frac{25-16}{25}}} \qquad = \frac{4-4}{\sqrt{\frac{9}{25}}}$$

$$= 0$$

$$= \frac{\frac{9}{5}}{\sqrt{\frac{9}{25}}}$$

$$= 3$$

となって，ちゃんと整合性がとれていることが判明する。つまり，あなたの証言も相手の証言も，相対的に正しいのである。どちらかが絶対的に正しいというわけではない。

■ローレンツ変換から出てくる収縮のからくり

　次にローレンツ収縮の謎をローレンツ変換で解いてみよ

う。

あなたと相手は同じ型の宇宙船に乗っている。2隻の宇宙船の全長を測ってみよう。ただし、あなたの宇宙船と相手の宇宙船は $v=\frac{4}{5}$、すなわち光速の80パーセントの速さですれちがうとする。

あなたは、当然のことながら、自分の宇宙船の長さを測るとき、両端をほぼ同時に測るだろう。(まあ、宇宙船はあなたに対して静止しているのだから、先端の位置を測ってから、1時間後に後端の位置を測ってもいいのだけれど……) とにかく、時刻 $t=0$ にあなたは自分の宇宙船の長さを測り、宇宙船の先端が $x=0$、後端が $x=5$、つまり宇宙船の全長が「5」という結論を得た。

さて、あなたの宇宙船を相手が見ていて、その長さを測ったらどうなるだろう？ 相手はあなたの宇宙船の両端を同時に測る。つまり、時間 $t'=0$ に両端を測る。遠いのでレーザーで測るのが得策だろう。

あなたが測るときは $t=0$、相手が測るときは $t'=0$ というのがポイントだ。

演習 ローレンツ変換の式④に、あなたが測った宇宙船の先端の座標 $x=0$ を代入して、相手が測った(あなたの)宇宙船の先端の座標 x' を求めよ ($t'=0$、$v=\frac{4}{5}$ も忘れずに代入すること！)。次に、ローレンツ変換の式④に、あなたが測った宇宙船の後端の座標 $x=5$ を代入して、相手が測った(あなたの)宇宙船の後端の座標 x' を求めよ。

第1章 相対論の世界（絶対的世界から相対的世界へ）

答え

先端

$$0 = \frac{x' + \frac{4}{5} \times 0}{\sqrt{1 - \left(\frac{4}{5}\right)^2}}$$

$$\therefore x' = 0$$

後端

$$5 = \frac{x' + \frac{4}{5} \times 0}{\sqrt{1 - \left(\frac{4}{5}\right)^2}}$$

$$5 = \frac{x'}{\sqrt{\frac{9}{25}}}$$

$$5 = \frac{x'}{\frac{3}{5}}$$

$$\therefore x' = 3$$

つまり，相手から見たあなたの宇宙船の長さは60パーセントに縮んでいるのだ！　これは，相手があなたの宇宙船に対して動いているからである。つまり，

あなたが自分の宇宙船を測ると長さは「5」
相手があなたの宇宙船を測ると長さは「3」

という状況が生じているのだ。しかし，ローレンツ変換にしたがって計算したのだから，これが物理学的な事実なのである。

さて，今度は，相手の宇宙船の測定に移ろう。（この計算をよく知っていて，飽きてしまった人と，逆に数式がこんがらがってつまらなくなってしまった人は，この節は飛ばして次節に行ってくださって結構だ。とにかく，肩の力を抜いて，計算の要点だけを把握してみてください）

相手が自分の宇宙船の両端の座標を測ると $x'=0$ と $x'=5$ だった。相手の宇宙船に対して速さ $(-v)=-\dfrac{4}{5}$ で動いているあなたは，$t=0$ に相手の宇宙船の両端の位置を測る。ローレンツ変換②に $t=0$，$x'=0$，$v=\dfrac{4}{5}$ を代入すれば，

後端

$$0 = \frac{x - \dfrac{4}{5} \times 0}{\sqrt{1 - \left(\dfrac{4}{5}\right)^2}}$$

$$\therefore x = 0$$

がわかる。同様にして，$t=0$，$x'=5$，$v=\dfrac{4}{5}$ を代入すれば，

先端

$$5 = \frac{x - \dfrac{4}{5} \times 0}{\sqrt{1 - \left(\dfrac{4}{5}\right)^2}}$$

$$\therefore x = 3$$

も得られる。つまり，

　　　相手が自分の宇宙船を測ると長さは「5」
　　　あなたが相手の宇宙船を測ると長さは「3」

という状況が生じている。あなたから見た相手の宇宙船の

長さは60パーセントに縮んでいるのだ！　これは，あなたが相手の宇宙船に対して動いているからである。

　かくて，ローレンツ変換は，「互いに相手の長さが縮んでいる」という，一見パラドキシカルな状況をうまく説明してくれる。

　ところで，なぜ，最初の計算では変換式④を用いて，後の計算では変換式②を用いたのだろう？　それは，最初の計算では同時測定の「同時」が $t'=0$ だったのに対して，後の計算では「同時」が $t=0$ だったからなのだが，最初にこの計算を習う人は頭が「？？？」となってしまうはずだ。

　この点は，やはり数式だけで考えているとわかりにくい。後でグラフを用いて説明すると初めてちゃんと理解できると思うので，今しばらくご辛抱ください。

■ローレンツ変換から出てくる「時計の遅れ」のからくり

　さて，お次は「時計の遅れ」である。

　あなたがもっている腕時計は，原点 $x=0$ にある。その時計が「5」という時を刻んだとしよう。つまり，ストップウォッチの開始時刻が $t=0$ で，ストップした時刻が $t=5$ ということだ。

　同時に，相手は原点 $x'=0$ にあるストップウォッチで時間を計るとしよう。相手のストップウォッチの開始時刻は $t'=0$ で，ストップした時間 t' は……どうなるだろう？

あなたのストップウォッチは原点 $x=0$ にあり，相手のストップウォッチは原点 $x'=0$ にあるのがポイントだ。

演習 ローレンツ変換③に $t=0$ を代入して，相手のストップウォッチの開始時刻 t' がどうなるか計算せよ（$x'=0$，$v=\frac{4}{5}$ も忘れずに）。次に，$t=5$ を代入して，相手のストップウォッチが止まった時刻 t' を計算せよ。

面倒くさい人は答えを見てかまわない。いかがだろう？

答え

開始時刻

$$0 = \frac{t' + \frac{4}{5} \times 0}{\sqrt{1 - \left(\frac{4}{5}\right)^2}}$$

$$\therefore t' = 0$$

止めた時刻

$$5 = \frac{t' + \frac{4}{5} \times 0}{\sqrt{1 - \left(\frac{4}{5}\right)^2}}$$

$$\therefore t' = 3$$

つまり，あなたの時計は「5」という時を刻んだのに，相手の時計は「3」しか時を刻んでいない。あなたにとって，あなたの時計はチクタクと時を刻んでいるのに，相手

の時計を見るとチークタークと間延びして見えるわけだ。

同じことは,相手の立場からもいえる。相手は,自分のストップウォッチが「5」という時を刻んだと確信している。しかし……。

演習 ローレンツ変換①に $t'=0$ を代入して,あなたのストップウォッチの開始時刻 t はどうなるか計算せよ ($x=0$, $v=\frac{4}{5}$ も忘れずに)。次に, $t'=5$ を代入して,あなたのストップウォッチが止まった時刻 t を計算せよ。

答えは,

開始時刻
$$0 = \frac{t - \frac{4}{5} \times 0}{\sqrt{1 - \left(\frac{4}{5}\right)^2}}$$
$$\therefore t = 0$$

止めた時刻
$$5 = \frac{t - \frac{4}{5} \times 0}{\sqrt{1 - \left(\frac{4}{5}\right)^2}}$$
$$\therefore t = 3$$

つまり,相手の時計は「5」という時を刻んだのに,あなたの時計は「3」しか時を刻んでいないのだ。相手にとって,自分の時計はチクタクと時を刻んでいるのに,あな

たの時計を見るとチークタークと間延びして見えるわけだ。

　要するに，ヨーイドンで2人が同時にストップウォッチで時間を計り始めたはずなのに，互いに相手の時計が「遅れている」(=スローモーションになっている)と判断するのである。

　うーん，それにしても，どうして今度は最初の計算で式③を用い，後の計算で式①を用いたのであるか。それは，最初の計算では，相手のストップウォッチは常に相手の原点 $x'=0$ にあるからであり，後の計算では，あなたのストップウォッチは常にあなたの原点 $x=0$ にあるからである。

　しかし，正直言って，これまでの計算で「わかった！」と感じた人は，すでに相対論を学んだことがあるか，あるいは，よほど数式が得意な人にかぎられるだろう。初めて相対論に接した人は，これまでのごちゃごちゃした説明で頭がこんがらがっても，どうか落ち込まないでほしい。そ̇れ̇が̇あ̇た̇り̇ま̇え̇だからだ。

　ボクは，次の次の節でやるミンコフスキー図の方法を知っているから，こんな計算について平静を装って書くことができるのであり，もしもミンコフスキー図のビジュアルの助けがなかったとしたら，おそらくこんがらがってうまく計算できないにちがいない。

　というわけで，これまでの説明がわかった人も，こんがらがってしまった人も，ここで休みを入れて，この章の「さわり」の部分への突入に向けて心の準備をしてもらい

第1章 相対論の世界（絶対的世界から相対的世界へ）

たい。

■斜交軸と時空図の読み方

　数式は便利だが，教えてもらっているときはわかったつもりになっても，実際に自分で説明を再現しようと思うとできないことが多い。もしかしたら，世の中には数式系の人間とビジュアル系の人間がいるのかもしれない。ボクはどちらかというとビジュアル系に属するので，学校で初めて相対論を教わったとき，数式がごちゃごちゃになってしまって，いたく閉口した憶えがある。ところが，アインシュタインの数学の先生であったミンコフスキーが考案したグラフ（「時空図」または「ミンコフスキー図」と呼ぶ）を勉強した途端，相対論が「からだでわかった」気がした。

　ローレンツ変換の数式をそのままグラフにしただけなのに，ミンコフスキー図を習ってからは，誰にでも相対論を説明できるようになったからである。

　ウソだと思うなら，どうか，この節と次の節をじっくりと読んでみてください。あらゆる疑問が氷解するにちがいありませんゾ。

　まずは準備として，ミンコフスキー図に出てくる斜交軸のグラフの読み方から練習してみよう。

演習

　座標軸が斜めになっているが，怖がらないでほしい。マス目は菱形になっているが，正方形のマス目をもった，通

43

常の方眼紙とグラフの読み方は同じ。y軸に平行に線を下ろして、x軸とぶつかったところを見ればx座標がわかるし、x軸に平行に線を下ろして、y軸とぶつかったところを見ればy座標がわかる（図1-1）。

万が一、斜めの座標軸に目がくらんでしまった人は、方眼紙がやわらかいゴムでできていて、なんらかの原因で斜めに歪んでしまったのだと想像してみてください。

さて、なぜわざわざ斜めの軸のグラフなんか考えるかといえば、(t, x) 座標のグラフと (t', x') 座標のグラフを重ねて、ローレンツ変換の「変換前」と「変換後」の関係を理解したいからだ。あなたが使っている (t, x) 座標と、相手が使っている (t', x') 座標は、あくまでも相対的だから、どちらを直交軸にして、どちらを斜交軸にするかも相対的な選択になる。

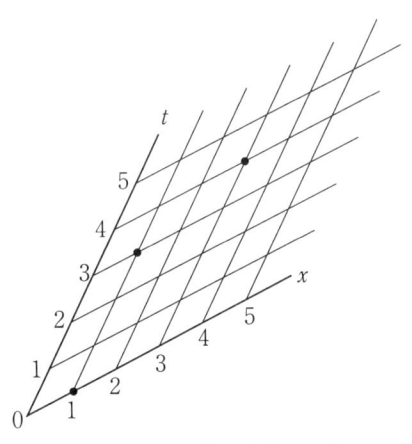

図1-1　斜交軸の時空図の例

第1章 相対論の世界（絶対的世界から相対的世界へ）

　ここでは便宜上，あなたが使っている (t, x) 座標を直交軸とし，相手が使っている (t', x') 座標を斜交軸であらわすことにする。

　まずは直交軸だけを使って，いくつかの点を考えてみる。

　まず，原点は，「時間 $t=0$，距離 $x=0$」という意味だから，あなたの目の前 $(x=0)$ に今 $(t=0)$ ある物体や事件を意味する。次に，$t=3$, $x=4$ という点は，時間 $t=3$ という未来において，あなたが立っている原点 $(x=0)$ より距離4だけ前 $(x=4)$ にある物体や事件を意味する。そして，$t=-5$, $x=-3$ という点は，時間 $t=-5$ という過去において，あなたが立っている原点より距離3だけ後ろにある物体や事件を意味する（図1-2）。

　ここまではよろしいでしょうか？

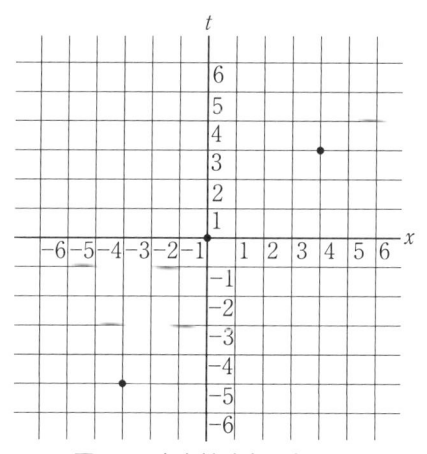

図1-2　直交軸時空図上の点

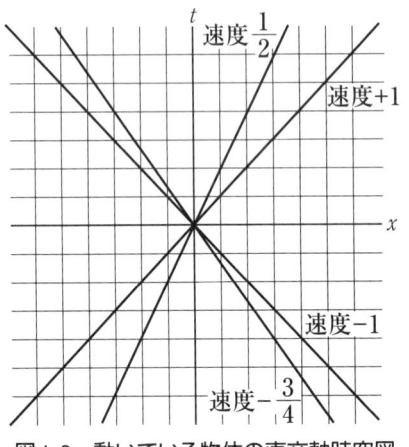

図1-3 動いている物体の直交軸時空図

次に「原点に止まっている」物体と「速度$\frac{1}{2}$で動いている」物体と「速度$-\frac{3}{4}$で動いている」物体を図示してみよう（図1-3）。

原点に止まっている物体はt軸であらわされる。なぜなら、この直線の方程式は $x=0$ であり、時間tがどんな値をとっても原点の $x=0$ にあることを示しているからだ。

速度$\frac{1}{2}$で動いている物体は傾き$\frac{1}{2}$の直線であらわされる。なぜなら、速度とは「距離÷時間」のことであるから。ただし、学校で教わるグラフの傾きとは、縦軸と横軸の役割が逆になっているので注意してほしい。時間軸tを（縦ではなく）横軸に描けば問題ないのだろうが、慣例により、相対論では時間軸が縦になっていることが多いので、馴れるまで違和感があるかもしれないが、あしから

ず。(あとで,「時間÷距離」の傾きも「傾き」と呼んでしまうので, それぞれ, t軸から見た傾き, x軸から見た傾き, という意味に理解していただきたい)

　速度 $(-\frac{3}{4})$ で動いている物体は傾き $(-\frac{3}{4})$ の直線であらわされる。すなわち, 時間とともに, 物体の位置は, 原点からxのマイナス方向へと変わってゆく。

　ここで, x軸以外の2つの方向, すなわちy軸とz軸を省略していることに注意。ここでは直線運動しか扱っていないので, その直線の方向にx軸をとってしまえば, y軸とz軸での動きはないから, 省略してもかまわないのだ。また, 人間の脳ミソは同時に3つの方向までしか（直観的に）頭に思い描くことができないから, 時間軸tのほかにx軸, y軸, z軸まで考えてしまうと, そもそも直観的なグラフにならない。(たとえば, 3人の観測者がいれば, 2人目がx軸方向に動いていて, 3人目がx軸以外の方向に動いているような状況は存在する。そのような状況については巻末にあげたHagedornの教科書などをご覧いただきたい)

　縦軸が時間t, 横軸が空間xのグラフ上に物体の動きを描き込んだものを「時空図」と呼ぶ。時空図上の点は,「何時どこに物体があったか」を意味する。そのような点をつなげて直線にすれば, それは「物体の動き」を意味する。

　ここで同様のことを斜交軸のグラフで練習してもいいのだが, 単にグラフ全体をひしゃげさせて, 正方形のマス目を菱形にすればいいだけなので, 斜交軸の時空図の読み方

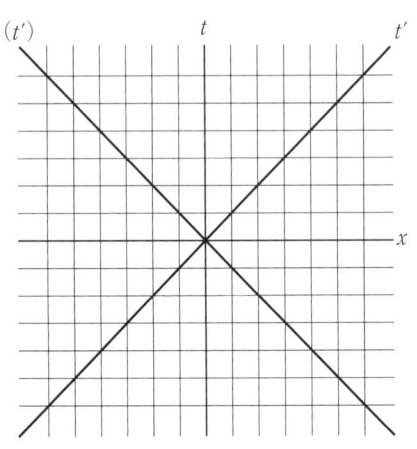

図1-4 光速（速度±1）で動いている物体の直交軸時空図

も大丈夫だろう，ということで話を先に進める。

この節の最後にお見せするグラフは，傾きが「1」と「-1」，すなわち光速で移動している物体である（図1-4）。

x方向とxのマイナス方向に光速で動いている物体は傾き1もしくは（-1）の直線であらわされる。（光速で動く物体とは，今のところ光，すなわち「光子」だけを考えてもらえばいい）

■あなたから見た相手の動き，相手から見たあなたの動き

さて，「あなた」から見てx方向に速さ $v = \frac{1}{2}$ で動いている「相手」の動きはどうなるだろう？　答えは簡単で，傾き$\frac{1}{2}$の直線である（図1-5）。

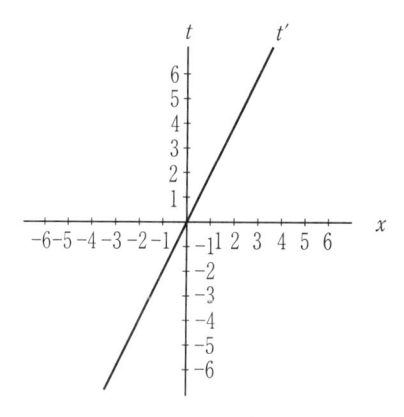

第1章 相対論の世界（絶対的世界から相対的世界へ）

図1-5 「あなた」から見て速さ $\frac{1}{2}$ で動いている「相手」

しかし，相手からしてみれば，自分はあくまでも原点 $x'=0$ に止まっているわけだ。$x'=0$ というのは t' 軸のことにほかならない。

だから，あなたから見た相手の動きは，t-x グラフの上に傾き $\frac{1}{2}$ で t' 軸を描いたものになる。

今やろうとしているのは，ローレンツ変換をビジュアル的にグラフに描いてしまおうという試みだ。だとすると，問題は相手の x' 軸をどう描けばいいかである。

ヒントはローレンツ変換の式そのものにある。前に確認したように，ローレンツ変換の式において，時間と空間の役割を入れ替えても式の形は変わらなかったことを思い出してほしい。だとすると，x' 軸の描き方は明白だ。t' 軸が傾き $\frac{1}{2}$ の直線だったのだから，x' 軸も傾き $\frac{1}{2}$ の直線になるはずだ。ただし，x' 軸の傾きは「縦軸÷横軸」とい

図1-6　ミンコフスキー図

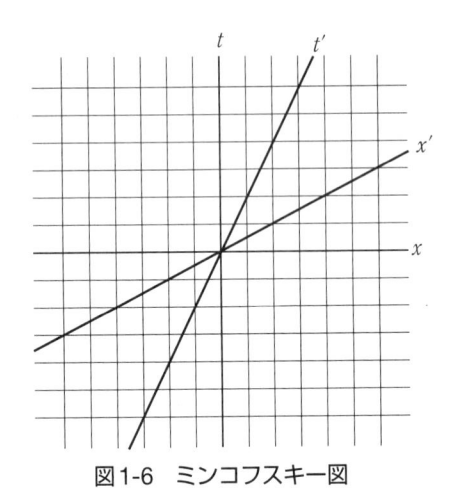

う意味である。

　この時点では，あまり深刻に考えずに，まずはグラフをご覧いただきたい（図1-6）。

　これが，ローレンツ変換において，あなたが使っているt-x座標系と，相手が使っているt'-x'座標系の関係をグラフにしたものなのだ。これを，考案者の名前を取って「ミンコフスキー図」と呼んでいる。

　ここには，あなたの世界をあらわす直交軸と，相手の世界をあらわす斜交軸が重ねて描いてある。早速だが，ミンコフスキー図を用いて，殺人事件の証言，ローレンツ収縮，時計の遅れといった現象をビジュアル的に理解してみよう。まずは殺人事件の証言から。

　あなたの証言　殺人事件は $t=5$ に $x=4$ で起きたよ

第1章 相対論の世界（絶対的世界から相対的世界へ）

相手の証言　　殺人事件は $t'=3$ に $x'=0$ で起きたわ

この殺人事件はミンコフスキー図の上の1つの点であらわされる（図1-7）。

あなたの証言は，$t\text{-}x$ 座標系での時間 t と空間（距離）x を読めばいい。あなたの目には，殺人事件は時間5に距離4で起きている。

相手の証言は，$t'\text{-}x'$ 座標系での時間 t' と空間（距離）x' を読めばいい。斜交軸の読み方にしたがって，菱形のマス目に注意すれば，相手の目には，殺人事件が時間3に距離0（すなわち目の前！）で起きていることがわかるだろう。

殺人事件は1つだけ。それを（相対速度 $v=\dfrac{4}{5}$ の）2つの座標系で観測しているだけの話。証言の食い違いは，実

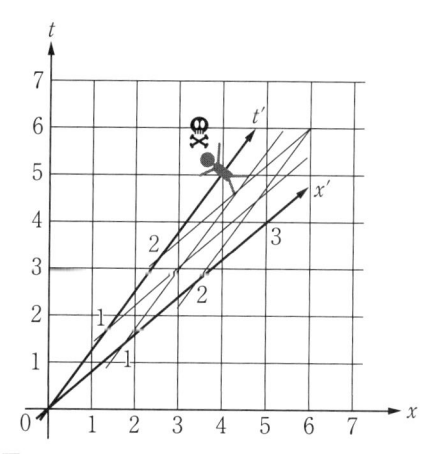

図1-7　殺人事件をミンコフスキー図で表す

51

は，食い違いでもなんでもなく，使っている座標系の違いでしかない。

ここでもう1つ別のミンコフスキー図を描いてみよう。さきほどは「あなた」の立場を直交軸にして，「相手」の立場を斜交軸にしたが，その関係を逆にして，「相手」を直交軸にして「あなた」を斜交軸にしてみる。

相手から見ると，あなたはx軸の負の方向に，つまり$(-v) = -\frac{4}{5}$の速度で動いていることになるから，相手から見たあなたの「後退」を意味する動き（つまりt軸）は左に傾いている（図1-8）。

直観的には，前のミンコフスキー図がゴムの方眼紙に描かれていると想像し，ぐにゅーとひしゃげさせて，扇を拡げるようにして相手の軸を直交軸にしてしまえば，自動的にあなたの軸は斜交軸になる。

肝心な点は，あなたが直交軸でも相手が直交軸でも，2つが物理的に同じグラフである点だ。

なぜ，わざわざ2つ目のグラフを描いたのかといえば，ここにこそアインシュタインの「相対性」の考えが如実にあらわれているからだ。「あなた」と「相手」とは物理的に相対的な存在であり，どちらが優越することもない。平等なのだ。相対的なのだ。だから，どちらかがグラフの直交軸である必然性もない。

実をいえば，さらに別のグラフを描くことができて，あなたも相手も共に斜交軸にすることだって可能だ。隠れた直交軸があるとして，その直交軸からみて，あなたは$(-v) = -\frac{1}{2}$で動いており，相手は$v = \frac{1}{2}$で動いている

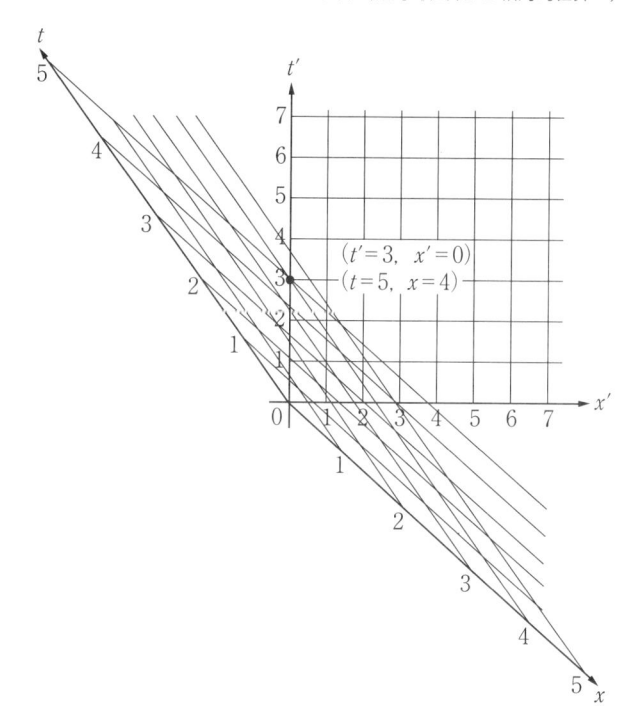

第1章 相対論の世界（絶対的世界から相対的世界へ）

図1-8 「相手」を直交軸,「あなた」を斜交軸にしたミンコフスキー図

ことになる（図1-9　注：相対論では速度の足し算の公式が変わるので $\frac{1}{2}+\frac{1}{2}\to\frac{4}{5}$ となる！）。

このグラフは，さらに相対性の「精神」を忠実にあらわしたものともいえるが，実用上はさほど便利でないので，あまり普及していない。

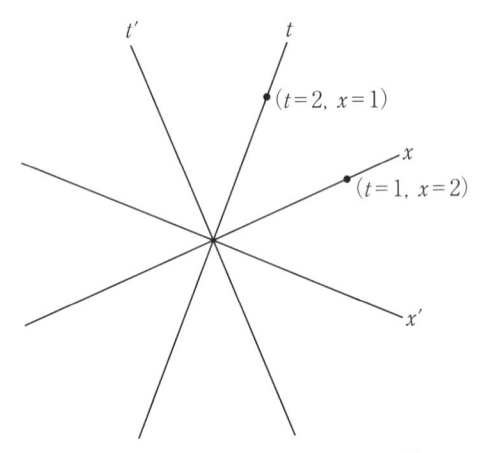

図1-9 共に斜交軸のミンコフスキー図

■ミンコフスキー図で見るローレンツ収縮

今度は、相対性理論におけるローレンツ収縮をミンコフスキー図で見てみよう。ポイントは、あなたも相手も宇宙船の両端を「同時」に測ること。そして、相対論では、もはやあなたにとっての同時と相手にとっての同時は一致しないこと。

「同時」というのは、「時間経過がゼロ」ということだから、ようするにx軸上もしくはx'軸上で起きている事件を指す（正確には、x軸もしくはx'軸に平行な直線が「同時」）。で、ミンコフスキー図から明らかなように、x軸とx'軸は重なっていないから、あなたと相手にとっての同時は別の概念になってしまう。

さて、あなたに対して静止している長さ5の宇宙船がある。相手はどんな長さだと思うだろう？　ミンコフスキー

第1章 相対論の世界（絶対的世界から相対的世界へ）

図では，時間とともに宇宙船の位置が上にあがっていくが，もちろんこれは宇宙船が「時間的に動いている」ことを意味するだけだから，あなたにとって宇宙船は静止していることを確認してほしい。だが，相手にとってはあなたの宇宙船は動いている。そして，相手は，あなたの宇宙船の両端がx'軸を横切ったときに長さを測定する（相手にとってx'軸が「同時」を意味するから）。その目盛りは0

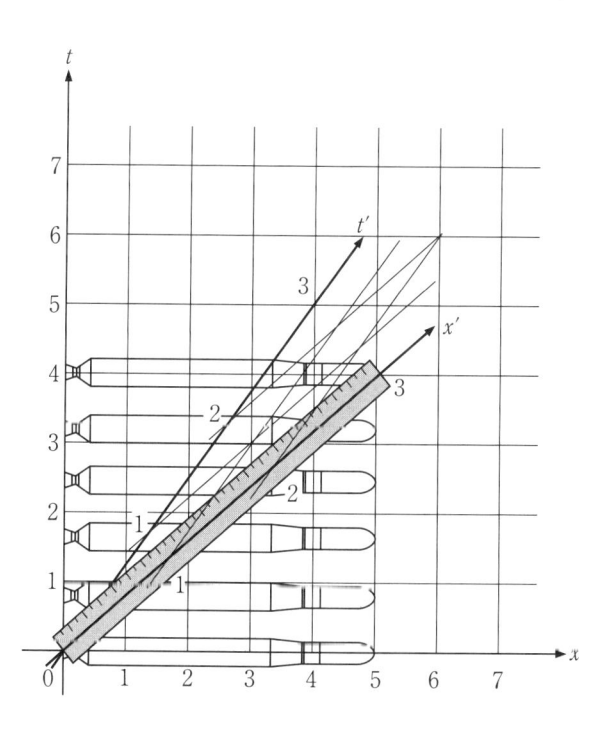

図1-10　動いている「相手」には宇宙船が縮んで見える

と3なのである（図1-10）。
つまり，

> **あなたの証言**　私の宇宙船の長さは5だよ
> **相手の証言**　あなたの宇宙船の長さは3よ

ということになり，宇宙船を静止状態で観測すると長さは5で，動いている状態で観測すると3に縮むことがわか

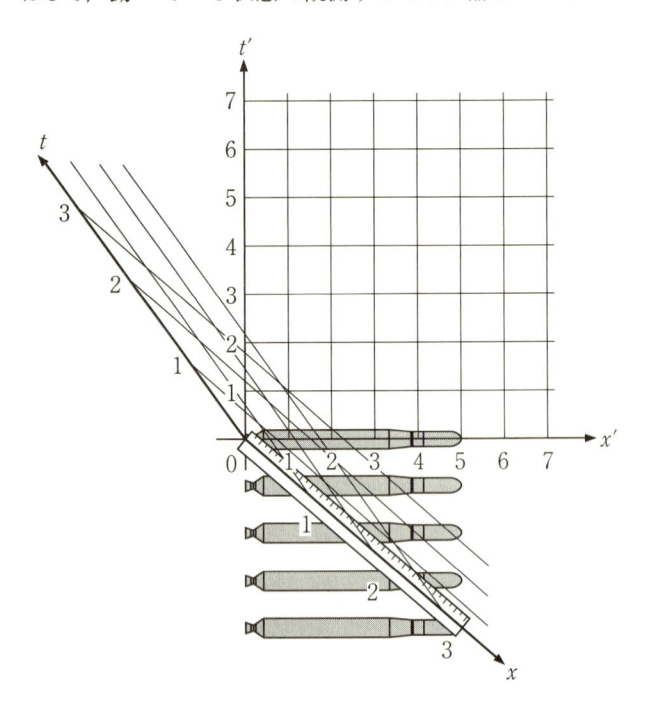

図1-11　「あなた」が動けば宇宙船は縮んで見える

る。これが「ローレンツ収縮」である。

逆に、相手に対して静止している長さ5の宇宙船を考えると、それはあなたに対して動いているので、あなたは長さが3だと測定する（図1-11）。

この場合、5と3のどちらの数字が正しいかを問うことは意味がない。観測者に対して静止していれば長さは5であり、動いていれば長さは3であり、どちらの測定も正しいのである。ちなみに、これは、あなたと相手とで長さの測定基準が食い違うことを意味し、あなたと相手の時空概念が異なることを意味する。

■ミンコフスキー図で見る時計の遅れ

次に、やはり相対論の典型的なパラドックスである「時計の遅れ」をミンコフスキー図で見てみよう。あなたも相

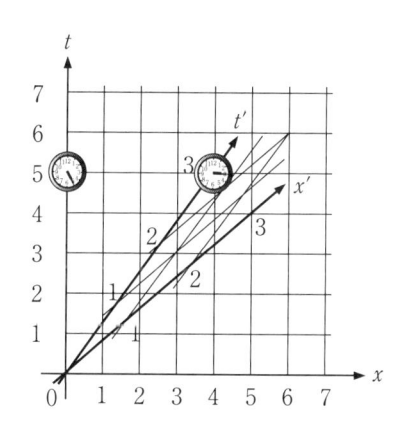

図1-12　相手の時計が遅れる

手も同じ会社の同じ精度の腕時計をはめているとする。あなたと相手がすれちがう瞬間に時計を一緒にセットする。そして、あなたの時計の目盛りが5になったとき、相手を見ると、相手の時計の目盛りは3なのである。つまり、あなたから見て、相手の時間はゆっくり流れている。相手の動きは緩慢でスローモーションに見えるはずだ。あなたに対して静止している時計はチクタクとふつうに時を刻む

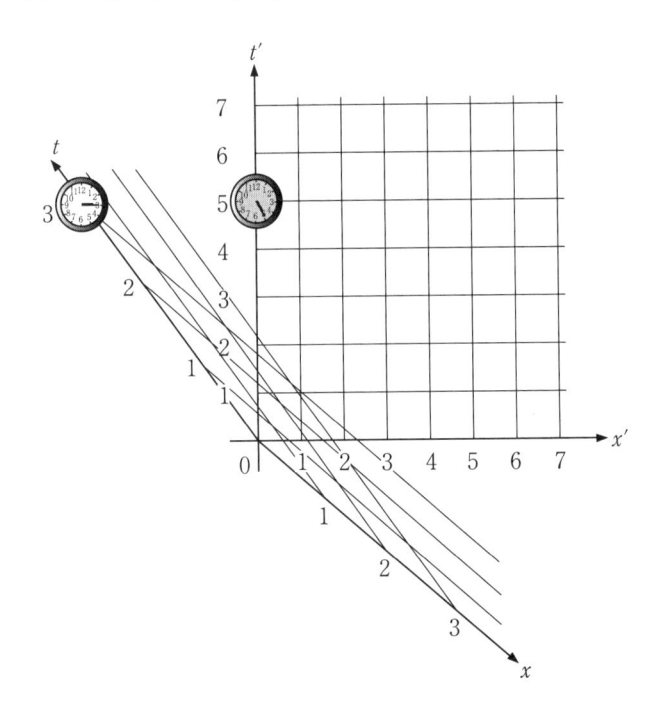

図1-13 時計の遅れをミンコフスキー図で表す

が，あなたに対して動いている時計はチークタークと遅れてしまうのである（図1-12）。

相手から見たらどうだろう？　事情は同じで，相手に対して静止している時計が5を指しているとき，あなたの時計は3を指している。だから，相手にとっても，動いている時計はチークタークと遅れて見えるのである（図1-13）。

この食い違いもまた，あなたと相手とで時空概念が異なるから生じる（見かけ上の）パラドックスなのだ。

■ローレンツ変換で変わらない不変量

ここで第3章の二重相対性理論とのかねあいで重要になる「ローレンツ不変量」について簡単に補足しておこう。

ローレンツ変換の式からすぐにわかるように，特殊相対性理論においては，

$$s^2 = -t^2 + x^2 + y^2 + z^2 \\ = -t'^2 + x'^2 + y'^2 + z'^2$$

という不変量が存在する。その意味は，ローレンツ変換により，(t, x, y, z)から(t', x', y', z')という別の座標に移った（「ブースト」と呼ぶ）場合でも，s^2の値は「不変」ということである。

これはちょうど，2次元ユークリッド平面で原点と点(x, y)の距離をsとおいたときに，

$$s^2 = x^2 + y^2$$
$$= x'^2 + y'^2$$

となって，座標系を (x, y) から (x', y') に回転しても s が不変であるのと同じだ（ローレンツ変換は数学的には座標系の「回転」の一種であり，s は「時空における距離」を意味する）。

ようするに，ミンコフスキー時空では，通常のユークリッド空間におけるピタゴラスの定理が拡張されて，時間 t の2乗が空間 x, y, z の2乗と逆の符号で入ってくるのだ。昔の物理学者は，ピタゴラスの定理をそのままの形で使いつつ，時間を $\tau = it$ と定義して，時間方向が「虚数になる」という感覚を抱いていたようだが，無論，そういう理解の仕方をしてもかまわない。

現代風にいえば，s^2 の右辺の係数を取ってきて，2次元ユークリッド空間の「計量」は（$+1, +1$）であり，ミンコフスキー時空の計量は（$-1, +1, +1, +1$）などと表現する。虚数など導入せず，最初から「距離」の測定に使うモノサシ（＝計量）が異なるとみなすのである。

なお，時空座標だけでなく，ローレンツ変換ではエネルギーと運動量も変換されるので，

$$-m^2 = -E^2 + p_x^2 + p_y^2 + p_z^2$$
$$= -E'^2 + p_x'^2 + p_y'^2 + p_z'^2$$

と質量 m の2乗が不変量になる。符号が気持ち悪い人は，

第1章　相対論の世界（絶対的世界から相対的世界へ）

全体に（−1）をかけて不変量を質量mの2乗としても，もちろんかまわない。その場合は計量を（+1，−1，−1，−1）と定義してやればいいだけの話である。（一昔前まで，アメリカでは西海岸と東海岸で計量の符号の約束が逆になっていた。完全に好みの問題である）

■ミンコフスキー図の描き方

さて，相対性理論の基本的なパラドックスを駆け足で見てきたが，数式で解こうとするとこんがらがるものの，ミンコフスキー図を描いてしまえばアッという間にパラドックスが氷解することがおわかりいただけたであろう。

ところで，まだ肝心のミンコフスキー図の描き方を説明していなかった。ここで図の描き方をまとめておこう。あなたの座標系（t, x）と相手の座標系（t', x'）の間に相対速度vが存在する場合，言いかえると，あなたから見て，相手が速度vでx軸の正の方向に遠ざかっている場合，

＊＊＊（t, x）座標系を直交軸とした描き方＊＊＊

① （t, x）軸と（t', x'）軸の原点を合わせる
② （t', x'）軸を「扇が閉じる」ように傾きvで描く
③ （t', x'）軸の目盛りを$\sqrt{\dfrac{1+v^2}{1-v^2}}$倍に伸ばす

とするだけでよい（図1-14）。傾きvで扇が閉じ，目盛りが間延びする。それだけだ。

同じ状況で，相手の座標系を直交軸にするなら，あなた

①

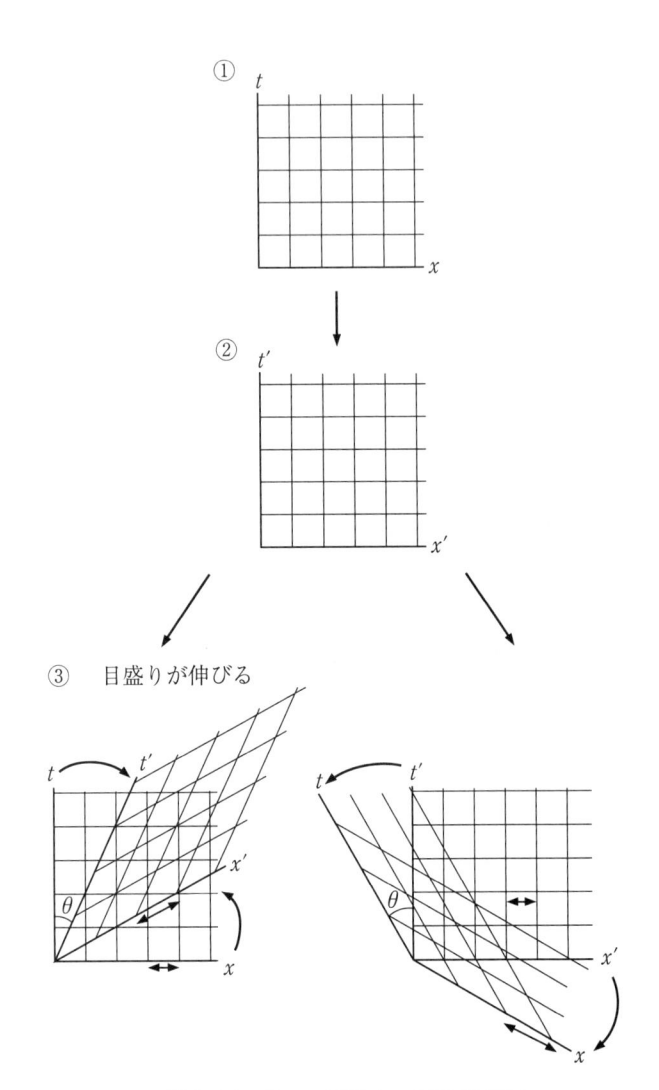

②

③ 目盛りが伸びる

図1-14 ミンコフスキー図の描き方

は（相手から見て）速度（$-v$）で遠ざかっていることになる。いいかえると，速度vでx'軸のマイナス方向に遠ざかっていることになる。だから，

＊＊＊ (t', x') 座標系を直交軸とした描き方 ＊＊＊
① (t, x) 軸と (t', x') 軸の原点を合わせる
② (t, x) 軸を「扇が開く」ように傾きvで描く
③ (t, x) 軸の目盛りを $\sqrt{\dfrac{1+v^2}{1-v^2}}$ 倍に伸ばす

とすればよい（図1-14）。

なぜ目盛りが間延びするのか？

あなたの (t, x) 軸を直交軸とした場合を例に，ミンコフスキー図の描き方の理由をかいつまんで説明しておこう。数学の詳細に興味がない読者は飛ばしてください。

まず，t'軸は相手にとって「$x'=0$」ということだが，ローレンツ変換の式

$$t' = \frac{t - vx}{\sqrt{1-v^2}} \quad ① \quad x' = \frac{x - vt}{\sqrt{1-v^2}} \quad ②$$

に $x'=0$ を代入すれば，あなたにとっては「$x=vt$」であることがわかる。同様にx'軸は「$t=vx$」である。これが「扇が閉じる」ように傾きvで軸を描く理由だ。

次に，どうして目盛りが間延びするかだが，たとえばあなたの座標系で (t, x) = (0, 1) という「x軸の1目

盛り」が相手にとってどうなるかを考える。それには，不変量を用いればよい。

$$-t^2 + x^2 = 1$$

という不変量はグラフ上では双曲線だが，この双曲線と，相手のx'軸をあらわす「$t = vx$」という直線の交点は，

$$x = \frac{1}{\sqrt{1-v^2}}, \quad t = \frac{v}{\sqrt{1-v^2}}$$

となる。この $(t, x) = \left(\dfrac{v}{\sqrt{1-v^2}}, \dfrac{1}{\sqrt{1-v^2}}\right)$ という点は，相手にとってはx'軸上の「1」に相当する（$-t'^2 + x'^2 = 1$ に $t' = 0$ を入れてみればわかる）。

この点の原点からの距離は，

$$\sqrt{t^2 + x^2} = \sqrt{\frac{v^2}{1-v^2} + \frac{1}{1-v^2}}$$
$$= \sqrt{\frac{1+v^2}{1-v^2}}$$

になるから，x'軸上の「目盛り1」はx軸上の「目盛り1」の $\sqrt{\dfrac{1+v^2}{1-v^2}}$ 倍にすればいいのだ（図1-15）。

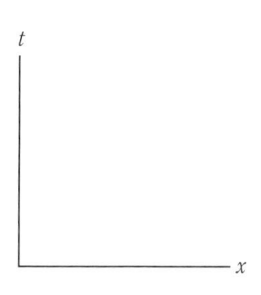

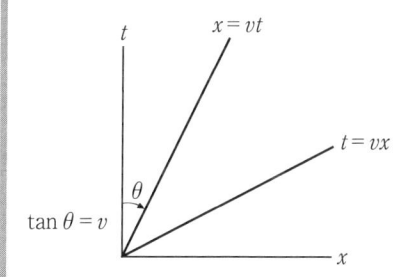

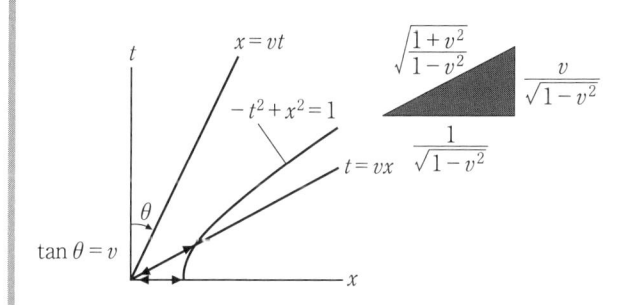

図1-15 ミンコフスキー図の描き方

ちょっとこんがらがったかもしれないが、ローレンツ変換の (t, x) 座標系と (t', x') 座標系を重ねてグラフにするには、扇を閉じて（あるいは開いて）、斜交軸の目盛りを $\sqrt{\dfrac{1+v^2}{1-v^2}}$ 倍にすればいい、ということだけ憶えておいていただければ実用上はオーケーだ。

■相対論における絶対基準＝光速

相対論はすべてが相対的かといえば、そんなことはない。すべての座標系が相対的になったとしても、絶対的な基準は残っている。それは光速度cだ。どんな座標系から観測しても、光の速度は常に一定なのである。光に向かって行っても、光に追いつこうとしても、光と自分との相対速度は光速度cのままなのだ。

これは、ミンコフスキー図において、常に光速がt軸とx軸を2等分する直線になっていることからもわかる。直交軸で計算しても、斜交軸で計算しても、光速は常に「1」の傾きなのである。

第3章では、この相対論における絶対基準の光速度cのほかに、プランク・エネルギー（もしくはプランク長さ）という第2の絶対基準が導入される。そのような理論は、絶対基準が二重になるから「二重相対論」と呼ばれる。

■まとめ

相対性のポイントは、観測者同士が記述する物理的な世界の「相対性」にある。たとえば1つの腕時計、あるいは

第1章　相対論の世界（絶対的世界から相対的世界へ）

1つの殺人事件を物理的に記述する場合，相対速度をもった観測者同士では，観測結果（＝証言）が食い違うけれど，その食い違いは，ローレンツ変換という「翻訳」の規則によって解消される仕組みになっている。

　文字面だけを追っていると，誰かがウソをついているにちがいないと考えてしまうが，ローレンツ変換の数式や，それをグラフにしたミンコフスキー図の方法を用いれば，誰もウソをついておらず，また，矛盾もしないことがわかるわけだ。

　相対論は，観測者と観測される事件をワンセットで考えた上で，観測者同士の関係を考慮に入れた理論なのだ。

　その意味で，相対論というのは，「観測」をキーワードに物理世界のネットワークを深く考察した理論だともいえるだろう。

　ニュートン力学では，観測者とは無関係に観測事実が存在した。それは客観的な理論だった。相対論は観測者の状態が観測結果を左右するという意味で主観的な理論だといえる。ただし，それは観測者の主観だけで観測結果が決まるものではなく，ローレンツ変換により，他の観測者にも「他人がどう観測するか」が理解できるような理論構造になっている。つまり，主観と主観の「間」の関係が明らかになっているから相互理解が可能なのだ。このような理論を（哲学用語では）「間主観的」な理論と呼ぶ（共同主観も同じ意味である）。

　さて，第2章で扱う量子力学にも，実は，相対論とは少し違った意味で「観測」をキーワードとする関係性のネッ

トワークが存在する。相対論と量子論は,その意味では,似た側面をもっている。

第 2 章
量子論の世界
(交換できる世界から交換できない世界へ)

相対性理論と並んで現代物理学の基礎法則とみなされているのが量子論だ。

　この章では，量子論の根本原理を中心に「復習」をしてみたい。といっても，あくまでも「考え方」を紹介するにとどめ，細かい計算に深入りするようなことはないので，ご心配には及びません。

　そもそも量子論の神髄とは何なのか？　それは相対性理論とどういう関係にあるのか？　そこら辺に的を絞って考えていこう。

■量子論の特徴をいくつか

　まず初めに量子論が（特殊相対論までの）古典論とちがう点をまとめてみよう。いくつかの特徴については，この節で詳しく説明するが，とにかく古典論からのアタマの切り替えが必要だ。

　まず，古典論とちがって，量子論には観測の限界が存在する。いくら高精度の観測機器を使っても，観測精度を無限に高めることは不可能なのだ。それが「ハイゼンベルクの不確定性原理」。

　いきなり比喩的な説明になるが，人間のような動物の場合，誰かに観察されると照れたり苛々(いらいら)したりするから，元の状態とは変わってしまう。観測により状態が影響を受けてしまう。ミクロの量子もそれと同じで，観測されると影響を受けてしまい，完全な観測はできないのだ。量子の場合は心があるからではなく，図体(ずうたい)がちっちゃいので「吹き飛ばされ」たりして，影響を受けるのであるが（量子は「波」

だから不確定だ，という説明も可能である）。

　次に，古典論とちがって，量子論は波のような世界なので，「重ね合わせ」ができる。目の前の2つのピンポン球は重ね合わせることができないが，2つの量子の位置は重ね合わせることが可能だ。それは2つの波が重なっても再び波になるようなもの。だから，1つの量子が同時にココとアソコに存在することだって可能だ。なぜなら，波には拡がりがあるからである。ミクロの世界では，量子は波の性格をもち，ゆえに重ね合わせることができる。

　3番目に，古典論が実数の世界だったのに対して，量子論は複素数の世界になる。量子論の計算のほとんどは複素数でおこなう。よく「虚数なんてウソの数だから勉強してもしょうがない」という声を聞くが，とんでもないことである。世界の根本原理は実数だけではなく複素数，つまり「実数＋虚数」で決まっているのだ（複素数の英語はコンプレックス・ナンバー，complex numberで，そのココロは「複合的な数」）。

　ただ，われわれが量子の世界を観測するときには複素数ではなく実数で観測する。なにしろ，観測機器の目盛りはふつうの数字であり，それは実数なのだから。ということは，量子の複素数と，われわれが観測結果を得るときの実数との間で，

　　　　　複素数の生情報 ⟶ 実数の観測結果

というつながりが必要になる。

　量子論では，複素数にその共役複素数をかけて実数にす

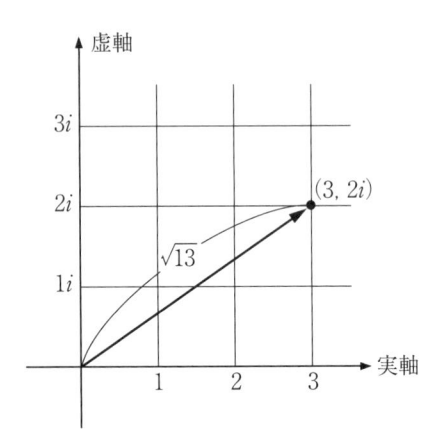

図2-1 ガウス平面上の複素数

ることで、そのつながりを実現している。共役というのは、たとえば $(3+2i)$ という複素数の虚部の符号だけ変えた $(3-2i)$ のこと。複素数とその共役複素数をかけると

$$(3+2i) \times (3-2i) = 9 - 4i^2 = 9 + 4 = 13$$

となって実数が得られる。これは、複素数をベクトルと考えたときのベクトルの長さの2乗に相当する（図2-1）。

あとで出てくるが、複素数の世界から出てきた実数こそが量子論の「期待値」とか「平均値」といわれるものなのだ。

■ハイゼンベルクの不確定性原理

相対論が「光速cに近い、速い世界で利いてくる理論」だとすれば、量子力学は「プランク定数hに近い、ミクロ

第2章　量子論の世界（交換できる世界から交換できない世界へ）

の世界で利いてくる理論」だといえるだろう。

　プランク定数h（もしくは，それを2πで割ったディラック定数$\hbar$）が利いてくるとはどういう意味だろうか。自然単位系では $\hbar=1$ だが，わざと$\hbar$を残した形で不確定性原理を書いてみよう。

$$\Delta x \times \Delta p \geqq \frac{\hbar}{2}$$

　ここでxは観測している量子（＝素粒子のように小さい物体）の位置，pは運動量，すなわち質量mに速度vをかけたものである。Δは観測の不確定さを意味する。観測精度と考えてもらってもいい。不確定性原理はヴェルナー・ハイゼンベルクが1927年に発見した。

　この不等式は，ようするに，いくら精密に量子の位置xと運動量pを測定しても，両方同時に測定誤差ゼロにはできない，ということを意味する。ちょっとわかりにくいかもしれないが，

$$\Delta x \geqq \frac{\hbar}{2\Delta p}$$

と書けば明らかなように，位置xの測定誤差と運動量pの測定誤差は，反比例の関係にあるわけだ。つまり，Δxを小さくすればするほど，Δpは大きくなってしまうし，逆もまたしかり。その反比例の係数が $\left(\dfrac{\hbar}{2}\right)$ なのだ。グラフにすれば，

ここは
到達不可能

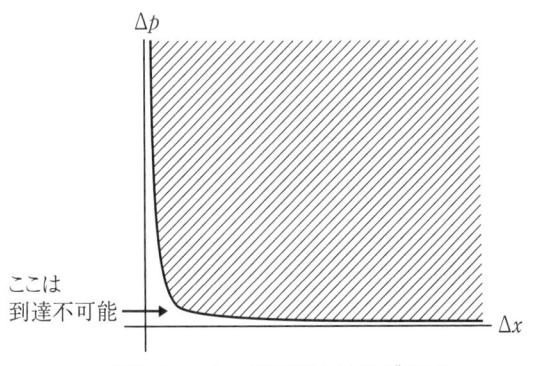

図2-2　xとpの不確定性のグラフ
$\hbar=1$としている

となる（図2-2）。ここで到達可能な測定結果が斜線の領域になっている。いくらがんばっても，量子の位置xと運動量pを両方とも誤差ゼロで測定することはできない。その測定の限界を決めているのがディラック定数$\hbar$（もしくはプランク定数h）なのである。

　これは自然界が宇宙に課した限界なのであって，人間がつくる測定機器の精度の問題ではない。

　よく引用される思考実験は，ハイゼンベルクが最初に考えたもので，量子を顕微鏡で測定する状況を想定する。量子は小さくて軽いので，位置を精密に測定しようとして，強い光を当てた瞬間，その光の衝撃で，量子はどこかに飛んでいってしまう。その量子がもっている運動量はわからないから，（それまでの）位置は判明したのに，どれくらいの速さでどんな方向に飛んでいったのかは不確定になってしまう。

　不確定性原理は，「原理」という名前がついているよう

に，xとpの間だけになりたつわけではない。たとえば，回転状態をあらわす角運動量の成分の間にも不確定性は存在するし，たくさんの量子をあつかう理論になると，「粒子数」と「位相」と呼ばれる物理量の間にも不確定性があらわれる。

■角運動量と不確定性

いま出てきた「角運動量」とはなんだろう。たとえばアイススケートのフィギュアの選手がスピンをしていて，最初はゆっくり回っていたのが，次第に両腕を身体に引きつけてたたむにつれ，回転が速くなる。この現象は角運動量保存の法則で説明できる。

ニュートン力学では，角運動量は，運動量mvに回転半径のrを掛けたmvrであらわされる。同じ質量mであれば，回転半径が大きいほど，そして回転速度vが大きいほど，角運動量も大きい。

同じ角運動量であれば，スケーターが両腕をたたむと，回転半径が小さくなる分，回転速度は大きくならなくてはいけない。だから，スケートのスピンは角運動量保存の法則で説明がつくのだ。

ここで一点だけ注意がある。位置xと運動量pの不確定性では右辺にディラック定数$\hbar$があるから，この定数の次元（＝どのような単位であらわされるか）は，位置座標の次元に運動量の次元を掛けたものであることがわかる。この次元は角運動量の次元にほかならない。だから，ディラック定数$\hbar$は「回転状態を数える際の最小単位」とい

う意味をもっている。

さて、角運動量は回転の大きさなので、回転軸方向のベクトルであらわすことができる。地球の角運動量なら北極を向いていて、地球の回転速度に比例した長さのベクトルになる。3次元空間の回転には L_x, L_y, L_z という3つのベクトル成分が存在する。量子力学の場合、この3つの成分の間には、

$$\Delta L_x \times \Delta L_y \geq \frac{\hbar}{2}\langle |L_z| \rangle$$

という不確定性がある。Δは測定誤差であり、$\langle |L_z| \rangle$ は L_z の期待値だ（期待値については97ページの「ヒルベルト空間は怖くない」の節をご覧ください。以下、期待値を意味する〈　〉は割愛することがあります）。古典論の例になるが、サイコロを振ったときの期待値は3.5である（$(1+2+3+4+5+6)\div 6$）。「何度も振ったときに出る目の期待される値」という意味である。角運動量の場合も、何度も測定したときの平均値というイメージでとらえていただきたい。

実は量子力学には、量子の「軌道」による角運動量のほかに、「スピン」と呼ばれる量子そのものの角運動量が存在する。これはちょうど、太陽のまわりを回る地球に公転と自転があるようなものだ。軌道角運動量は量子の「公転」によるもので、スピンは量子の「自転」によるものなのだ。

スケート選手と比べて極小の存在である量子も自転しているが、その回転の様子を完全に測定で決めることはでき

ない。たとえば、いま目の前にある量子のスピンの大きさが「2.45」だとしよう（すぐに説明するが、正確には$\sqrt{6}$）。ニュートン力学であれば、完全にブレのない、スピン2.45をもつ独楽が存在して、回転軸の方向をzとすると、$L_x = L_y = 0$, $L_z = 2.45$ という3方向の成分をもつことが可能だ。それは直立した独楽である。

でも、量子力学ではそうは問屋が卸さない。L_zが決まっても、不確定性原理があるから、L_xとL_yを同時に誤差ゼロで決めることができないので、必然的に量子という名の独楽は軸がブレてしまうのだ。

スピンは飛び飛びのデジタルのような値しか取ることができない。だから、たとえば、スピン2をもつ量子の独楽

の場合,プラス2からマイナス2まで,$L_z = -2, -1, 0, +1, +2$の5つの可能性があるけれど,その中間の値は取ることができない。

サイコロを振ったときの期待値は3.5だが,実際には1, 2, 3, 4, 5, 6というデジタルな値しか出ない。量子は,それと少し似ている!

なぜスピン角運動量が飛び飛びの値をとるのかをきちんと説明するのは難しいが,ここでは2つの考え方をご紹介しておこう。

まず,量子は波なのでデジタルになるのである。管楽器の中の空気の振動を思い浮かべていただきたい。音は空気の波だが,管楽器の中に波の腹と節が自由にできるわけで

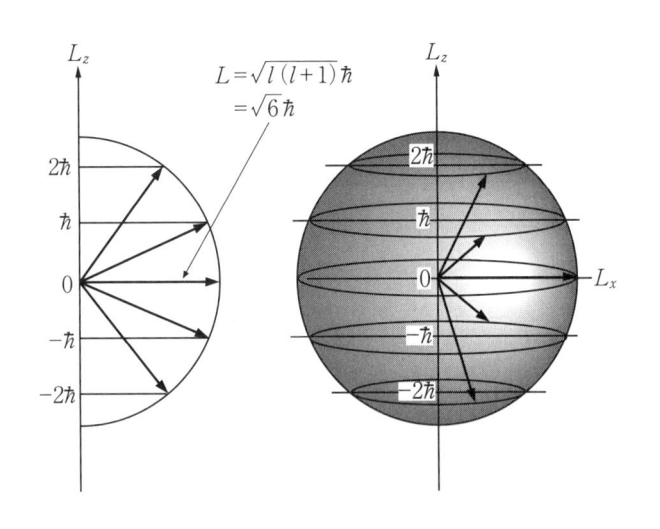

図2-3 スピン2の量子の独楽

はない（閉管なら最後が節，開管なら最後が腹）。でも，腹と節の数は整数倍で増えてもかまわない。整数倍というのはデジタルということになっている。それと同じで，波の性質をもつ量子の場合，物理量が飛び飛びの値をとるのである。

　もう1つの考え方は，そもそも量子の場合，角運動量がふつうの数ではなく行列であらわされるために飛び飛びの値をとる，というものだ。この説明については，99ページのコラムをご覧いただきたい。

　もともと，「なぜ角運動量が飛び飛びの値をとるのか」という問題は，量子論の黎明期の一大問題で，ニールス・ボーアが「角運動量はとにかく整数倍になる」という「量子条件」を提唱し，実験事実を説明した経緯がある。その後，シュレディンガーやハイゼンベルクらにより方程式が完成され，方程式から直接，角運動量が飛び飛びであることが導かれるようになった。

　また，スピン2をもつ量子と言ったが，ここら辺の事情はとても面白い。スピンの「大きさ」（＝絶対値）は2ではなく，$\sqrt{2(2+1)} = \sqrt{6}$ という公式で求められることがわかっている（次ページのコラム参照）。だから，スピン2の量子というのは，

「ニュートン力学的には $\sqrt{6} = 2.45$ の大きさで直立することができるはずなのに，不確定性原理によりブレてしまい，直立することはかなわない量子」

を意味するのだ。

話をまとめると、量子力学では、量子の回転軸も不確定性原理のために誤差ゼロで決めることができないのである。

なぜ l ではなく $\sqrt{l(l+1)}$ なのか

角運動量の量子論はとても重要で、どんな教科書にも書いてあることだが、初学者にはかなり難しい。第3章のスナイダー時空のところにも登場するので、あえてここで触れることにしたのだが、スピン l の大きさが l ではなく $\sqrt{l(l+1)}$ になることは、次のような初等数学の例から比喩的にイメージするといいかもしれない。

離散的な整数の場合、1から l までの和は $\frac{l(l+1)}{2}$ になるが、連続的な実数の場合、0から l までの積分は $\frac{l^2}{2}$ になる。

$$\sum_{k=1}^{l} k = 1 + 2 + \cdots + l = \frac{1}{2}l(l+1)$$
$$\int_0^l x dx = \left[\frac{x^2}{2}\right]_0^l = \frac{l^2}{2} - 0 = \frac{l^2}{2}$$

このように、離散的か連続的かでちょっとした差が出る例は、学校で教わる数学でも登場していたのである。量子論の角運動量において $l(l+1)$ という形が出てくる理由も、基本的には量子論の離散的な性質から来ると

思っていただいてよい。

■交換関係と不確定性の関係

不確定性原理は、ミクロの世界を支配する量子力学の基本原理だが、不確定性の不等式は「交換関係」と同等であることが数学的に証明できる（一般的な証明は、巻末参考書『ハイゼンベルク形式による量子力学』などをご覧ください）。

この点は、強調してもしすぎることはない。実際の量子論の計算では、不確定性の不等式をそのまま使うことはあまりない。特に理論の構築においては、不確定性を数学的に言いかえた「交換関係」に頼ることが多い。だから、「不確定だ」ということと「交換関係」が数学的に同等であることは脳裏に叩き込んでほしい。（実は、さらに同等な数学的関係として、ファインマンの経路積分というのもあるが、本書では扱わない）

位置座標xと運動量pの交換関係と角運動量L_x, L_y, L_zの交換関係は次のようになる。

$$[x, p] = xp - px = i\hbar$$
$$[L_x, L_y] = L_x L_y - L_y L_x = i\hbar L_z$$

交換関係というのは、最初教わるときには「？？？」と、みんな首をかしげるものだが、それは学校で「ふつうの数」ばかり練習させられているからかもしれない。ボクたちは小学校から高校まで、延々と、交換できる数の演算ばかり教わるのである。

たとえばニュートン力学に登場する位置座標xと運動量pは，ともに時間の関数だけれど，

$$xp = px$$

という具合に掛け算の順番を交換してもかまわない。言いかえると，「ふつうの数」であれば，

$$xp - px = 0$$

というように交換関係の右辺がゼロになるのだ。しかし，量子力学の場合のxとpはふつうの数ではない。

　ちょっと考えると，（掛け算を含めた）数学的な操作の中には，順番を変えると結果がちがってきてしまう例はいくらでもある。たとえば，サイコロを図のように置いて，左に90度転がしてから手前に90度転がすのと，手前に90度転がしてから左に90度転がすのとでは，（最初の目が同じでも）最終的な結果は変わってきてしまう。これはサイコロにかぎらないから，空間内の90度の回転は，順番を交換できないことがわかる（図2-4）。

　あんまり比喩を拡げたくはないが，世の中のほとんどの事柄は交換できない。パソコンで文字を打ち込むときだって，削除キーを押してから「た」と打ち込むのと，「た」と打ち込んでから削除キーを押すのとでは結果がちがってしまう。女の子をデートに誘ってから手を握るのと，手を握ってからデートに誘うのとでも結果が変わる可能性が大だ（後者は痴漢として警察に突き出される恐れがある！）。

第2章 量子論の世界（交換できる世界から交換できない世界へ）

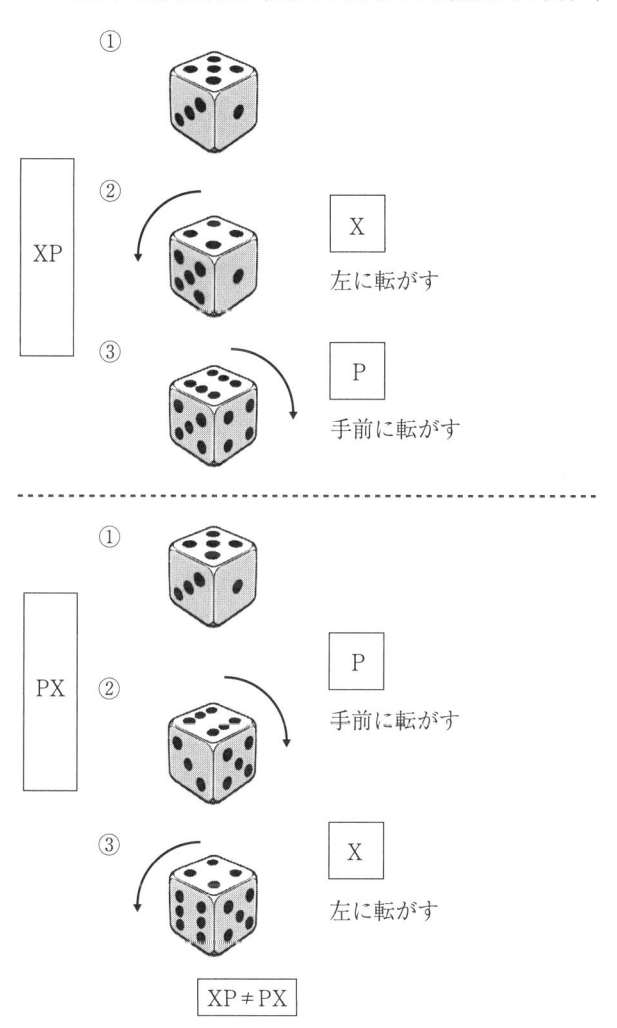

XP
①
② 左に転がす　X
③ 手前に転がす　P

PX
①
② 手前に転がす　P
③ 左に転がす　X

$$XP \neq PX$$

図2-4　サイコロを転がす操作の順番は交換できない

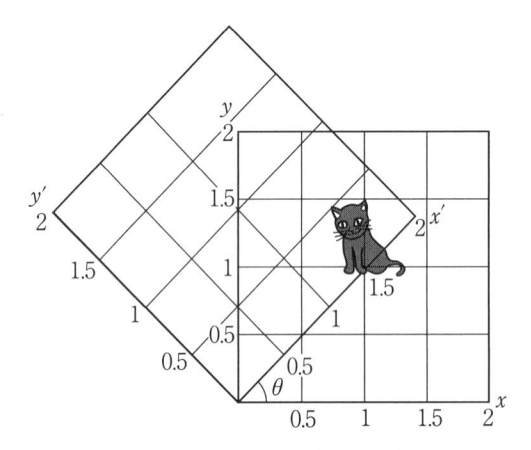

図2-5　x-y座標系をθ度だけ回転させる

あまり交換関係になじみがない読者のために，いくつか簡単な例を見ることにしよう。（ここではイメージをつかむため，あえて量子論ではなく，初等幾何学の例を見てみよう。後ほど量子論の具体例も登場する）

準備として「行列」に馴れるところから始めよう。たとえば，x-y座標系をθ度だけ回転したらx'-y'座標系になる。

$$x' = x\cos\theta + y\sin\theta$$
$$y' = -x\sin\theta + y\cos\theta$$

これは図から明らかだろう（図2-5）。次に，この2つの式をまとめたのが，

第2章 量子論の世界（交換できる世界から交換できない世界へ）

$$\begin{pmatrix} x' \\ y' \end{pmatrix} = \begin{pmatrix} \cos\theta & \sin\theta \\ -\sin\theta & \cos\theta \end{pmatrix} \begin{pmatrix} x \\ y \end{pmatrix}$$

である。行列は，もともとスプレッドシートのような勘定計算をまとめたものだと考えられるが，空間内の回転や，座標軸のプラス側とマイナス側を反転する操作なども行列であらわすことができる。

次に3次元の回転行列を見てみよう。

$$R_x(\theta) = \begin{pmatrix} 1 & 0 & 0 \\ 0 & \cos\theta & \sin\theta \\ 0 & -\sin\theta & \cos\theta \end{pmatrix}$$

$$R_y(\theta) = \begin{pmatrix} \cos\theta & 0 & -\sin\theta \\ 0 & 1 & 0 \\ \sin\theta & 0 & \cos\theta \end{pmatrix}$$

$$R_z(\theta) = \begin{pmatrix} \cos\theta & \sin\theta & 0 \\ -\sin\theta & \cos\theta & 0 \\ 0 & 0 & 1 \end{pmatrix}$$

この3つがそれぞれx軸，y軸，z軸のまわりの角度θの回転をあらわしている。新しい座標系にはダッシュをつけることにしよう。まず，x軸のまわりに90度（$=\frac{\pi}{2}$）回転させてからy軸のまわりに90度回転させた結果は，次のような行列の掛け算であらわされる（行列の掛け算を知らない読者はコラムをご覧ください。なお，$\cos\frac{\pi}{2}=0$, $\sin\frac{\pi}{2}$

=1 を使う)。

$$\begin{pmatrix} x' \\ y' \\ z' \end{pmatrix} = R_x\left(\frac{\pi}{2}\right) R_y\left(\frac{\pi}{2}\right) \begin{pmatrix} x \\ y \\ z \end{pmatrix}$$

$$= \begin{pmatrix} 1 & 0 & 0 \\ 0 & 0 & 1 \\ 0 & -1 & 0 \end{pmatrix} \begin{pmatrix} 0 & 0 & -1 \\ 0 & 1 & 0 \\ 1 & 0 & 0 \end{pmatrix} \begin{pmatrix} x \\ y \\ z \end{pmatrix}$$

$$= \begin{pmatrix} 0 & 0 & -1 \\ 1 & 0 & 0 \\ 0 & -1 & 0 \end{pmatrix} \begin{pmatrix} x \\ y \\ z \end{pmatrix}$$

$$= \begin{pmatrix} -z \\ x \\ -y \end{pmatrix}$$

一方，y軸のまわりに90度回転させてからx軸のまわりに90度回転させた結果は，次のようになる。

$$\begin{pmatrix} x' \\ y' \\ z' \end{pmatrix} = R_y\left(\frac{\pi}{2}\right) R_x\left(\frac{\pi}{2}\right) \begin{pmatrix} x \\ y \\ z \end{pmatrix}$$

$$= \begin{pmatrix} 0 & 0 & -1 \\ 0 & 1 & 0 \\ 1 & 0 & 0 \end{pmatrix} \begin{pmatrix} 1 & 0 & 0 \\ 0 & 0 & 1 \\ 0 & -1 & 0 \end{pmatrix} \begin{pmatrix} x \\ y \\ z \end{pmatrix}$$

$$= \begin{pmatrix} 0 & 1 & 0 \\ 0 & 0 & 1 \\ 1 & 0 & 0 \end{pmatrix} \begin{pmatrix} x \\ y \\ z \end{pmatrix}$$

$$= \begin{pmatrix} y \\ z \\ x \end{pmatrix}$$

　サイコロの面からx軸, y軸, z軸が突き出ているとして, それを回転させたらダッシュのついているx'軸, y'軸, z'軸になると考えていただきたい。転がす順番によって最終的なサイコロの目, すなわちダッシュ系の座標系の向きは変わってくる（前に出てきたサイコロの図で上記の回転行列の掛け算の結果を確認してほしい）。

　これが, 空間内の回転が交換できない, ということの意味なのだ。

　ボクたちが学校で教わってきた「ふつうの数」の掛け算は, たとえば2次元の行列では次のようにあらわされる。

　たとえば $2 \times 3 = 6$ は2次元の行列では,

$$\begin{pmatrix} 2 & 0 \\ 0 & 2 \end{pmatrix} \begin{pmatrix} 3 & 0 \\ 0 & 3 \end{pmatrix} = \begin{pmatrix} 6 & 0 \\ 0 & 6 \end{pmatrix}$$

同様に $3 \times 2 = 6$ は

$$\begin{pmatrix} 3 & 0 \\ 0 & 3 \end{pmatrix} \begin{pmatrix} 2 & 0 \\ 0 & 2 \end{pmatrix} = \begin{pmatrix} 6 & 0 \\ 0 & 6 \end{pmatrix}$$

となって,交換できる。

つまり,ふつうの数というのは,行列の観点からは,「対角線に同じ数が並んだ特殊な行列」のことなのだ。

ちなみに,量子論で,位置座標x,運動量p,スピンL_x, L_y, L_zなどが具体的にどんな行列であらわされるかを書いてみよう。

バネ(調和振動子)のxとpは

$$\omega = \sqrt{\frac{k}{m}}, \quad p = \sqrt{m\hbar\omega}\, P, \quad x = \sqrt{\frac{\hbar\omega}{k}}\, X$$

という規格化(基本ベクトルで表す。102ページ参照)をすると,

$$X = \frac{1}{\sqrt{2}} \begin{pmatrix} 0 & 1 & 0 & 0 & \cdots \\ 1 & 0 & \sqrt{2} & 0 & \cdots \\ 0 & \sqrt{2} & 0 & \sqrt{3} & \cdots \\ 0 & 0 & \sqrt{3} & 0 & \cdots \\ \vdots & \vdots & \vdots & \vdots & \cdots \end{pmatrix}$$

第2章 量子論の世界（交換できる世界から交換できない世界へ）

$$P = \frac{-i}{\sqrt{2}} \begin{pmatrix} 0 & 1 & 0 & 0 & \cdots \\ -1 & 0 & \sqrt{2} & 0 & \cdots \\ 0 & -\sqrt{2} & 0 & \sqrt{3} & \cdots \\ 0 & 0 & -\sqrt{3} & 0 & \cdots \\ \vdots & \vdots & \vdots & \vdots & \cdots \end{pmatrix}$$

と書くことができる。

スピン $l = \frac{1}{2}$ をもつ量子の場合，$L_z = -\frac{1}{2}, +\frac{1}{2}$ の2つの可能性があり，

$$L_x = \frac{1}{2}\begin{pmatrix} 0 & 1 \\ 1 & 0 \end{pmatrix}$$

$$L_y = \frac{1}{2}\begin{pmatrix} 0 & -i \\ i & 0 \end{pmatrix}$$

$$L_z = \frac{1}{2}\begin{pmatrix} 1 & 0 \\ 0 & -1 \end{pmatrix}$$

という行列で表される。

うーん，ここに出てきた「…」は，「以下無限に続く」という意味だ。なんと量子論には無限行列が登場するのである！

話を元に戻すと，不確定性原理と交換関係は数学的に同等だ。ということは，交換できるふつうの数の場合，交換関係の右辺がゼロなのだから，不確定性原理の不等式の右

辺もゼロとなり，不確定性は消滅する（不確定性原理と交換関係の数学的同等性は一般的に証明できるが，本書では，あとで量子のバネを扱うときに具体例を計算してみる）。

　ニュートン力学では，物理量は「ふつうの数」で交換できるのだから，いくらでも観測精度を高めることができる。実際，誰もがそう信じてきた。でも，20世紀の初頭に生まれた量子力学により，ニュートン力学は「近似」理論にすぎないことがわかった。ふつうの大きさの世界では，ニュートン力学の理論と実験の一致はすばらしいが，原子や素粒子のような超ミクロの世界では，ニュートン力学の理論と実験は一致しなくなる。超ミクロの世界では，観測に不確定性がつきものだからである。

　ニュートン力学は，光速に近い世界と超ミクロの世界で，それぞれ相対性理論と量子論に道を譲らざるをえない。（厳密には詳細な議論が必要だが，）相対性理論で相対速度vを徐々にゼロに近づけるとニュートン力学という近似が生まれる。同様に量子力学でディラック定数$\hbar$を徐々にゼロに近づけるとニュートン力学という近似が生まれる。

行列の掛け算の憶え方

　行列の掛け算は，次のようなイメージで憶えるといいだろう。

　これは2次元の例だが，次元が大きくなっても（無限になっても！）やり方は同じである。

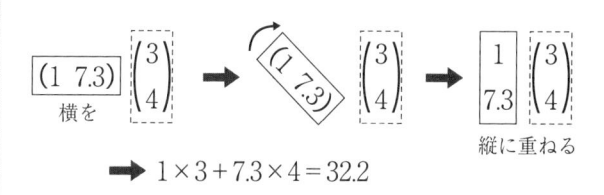

第2章 量子論の世界（交換できる世界から交換できない世界へ）

$(1\ 7.3)\begin{pmatrix}3\\4\end{pmatrix} \rightarrow \begin{pmatrix}1\\7.3\end{pmatrix}\begin{pmatrix}3\\4\end{pmatrix}$

横を　　　　　　　　　　　　　　　　　　　　　縦に重ねる

$\Rightarrow 1\times3+7.3\times4=32.2$

1行2列を2行1列にかけると1行1列になる

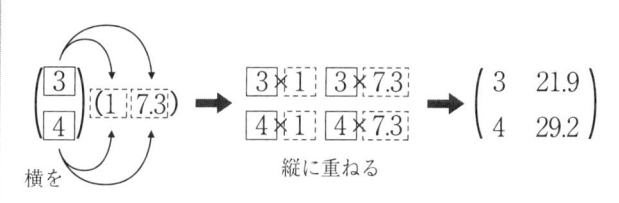

$\begin{pmatrix}3\\4\end{pmatrix}(1\ 7.3) \rightarrow \begin{matrix}3\times1 & 3\times7.3\\4\times1 & 4\times7.3\end{matrix} \rightarrow \begin{pmatrix}3 & 21.9\\4 & 29.2\end{pmatrix}$

横を　　　　　　　　　　　縦に重ねる

2行1列を1行2列にかけると2行2列になる

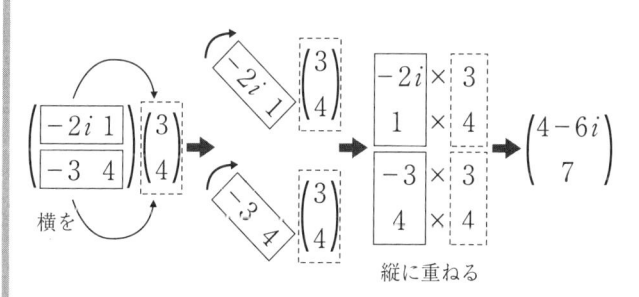

$\begin{pmatrix}-2i & 1\\-3 & 4\end{pmatrix}\begin{pmatrix}3\\4\end{pmatrix} \rightarrow \begin{matrix}(-2i\ 1)\begin{pmatrix}3\\4\end{pmatrix}\\(-3\ 4)\begin{pmatrix}3\\4\end{pmatrix}\end{matrix} \rightarrow \begin{matrix}-2i\times3\\1\times4\\\hline-3\times3\\4\times4\end{matrix} \rightarrow \begin{pmatrix}4-6i\\7\end{pmatrix}$

横を　　　　　　　　　　　　　　　　　　　　　　　　　縦に重ねる

2行2列を2行1列にかけると2行1列になる

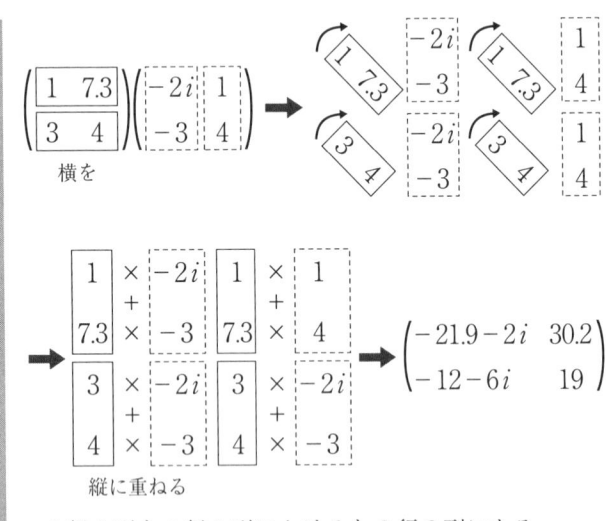

$$\left(\begin{array}{cc} 1 & 7.3 \\ 3 & 4 \end{array}\right)\left(\begin{array}{cc} -2i & 1 \\ -3 & 4 \end{array}\right) \rightarrow$$

横を

$$\rightarrow \begin{array}{cc} \begin{array}{c} 1 \\ + \\ 7.3 \end{array} \begin{array}{c} \times -2i \\ \times -3 \end{array} & \begin{array}{c} 1 \\ + \\ 7.3 \end{array} \begin{array}{c} \times 1 \\ \times 4 \end{array} \\ \begin{array}{c} 3 \\ + \\ 4 \end{array} \begin{array}{c} \times -2i \\ \times -3 \end{array} & \begin{array}{c} 3 \\ + \\ 4 \end{array} \begin{array}{c} \times -2i \\ \times -3 \end{array} \end{array} \rightarrow \left(\begin{array}{cc} -21.9-2i & 30.2 \\ -12-6i & 19 \end{array}\right)$$

縦に重ねる

2行2列を2行2列にかけると2行2列になる

■量子論は「観測する側」と「観測される側」が切り離せない理論

相対性理論では観測者の状態により、観測結果が変わってきた。あなたが自分の時計を観測するときと、(ロケットで速度vで通り過ぎる)相手があなたの時計を観測するときとでは、時計の進み方がちがっていた。観測する側とされる側をワンセットで論じなければ、相対性理論における物理量の測定は意味をなさない。

実は、このような「観測する側と観測される側が切り離せない」という意味では、量子力学も同じ状況にある。

相対性理論も量子論も、ともに「観測者+観測対象」を

ワンセットで論じないといけない理論であることが理解できると，20世紀における物理学の革命の意味も新鮮な枠組みでとらえることができるようになる。

それに対して，ニュートン力学は，言うなれば，「観測される側」だけが観測の数値を「持っている」理論なのだ。観測する側とは無関係に，観測される側だけが物理情報を保持しており，それが客観的な観測数値として抽出される。

しかし，ニュートン力学は近似的に正しいだけである。測定という行為により観測対象が影響を受けない，という大前提が存在するのだ。たとえば，車の位置を測定するのに，トラックをぶつけてみる人はいないだろう。そんなことをしたら，車は元の位置から大きくずれてしまうからだ。観測する側がでしゃばりすぎると，観測される側に影響が出て，客観的な観測値は得られない。だから，ニュートン力学の世界では，車に光をぶつけて，跳ね返ってきた光を測定すればいい。光がぶつかっても車は（ほとんど）動かないから，観測者（＝光）が観測対象（＝車）に影響を与えることはない。

でも，ミクロの世界でなりたつ量子論では，たとえば光子（＝光の量子）を電子にぶつけて，跳ね返ってきた光子がどうなるかにより，電子の位置を測定するしかない。観測者（＝光子）も観測対象（＝電子）もともにちっちゃな量子だから，光子にぶつけられた電子は，あらぬ方向に飛んでいってしまう。ちょうどニュートン力学でダンプを車にぶつけるような測定しかできないようなものである。そ

れが不確定性の根本理由だ。

　量子論や相対論は，言うなれば「観測者＋観測対象」というペアが観測の数値を「持っている」理論なのだ。これを忘れて，「観測対象」だけが観測の数値を持っていると考えると，量子論と相対論は理解することができない。

　しつこいようだが，「観測者＋観測対象」を一緒に考えないと意味をなさないのが，現代物理学の大きな特徴なのである。

■魔法のフィルター

　1つ具体例を見てみよう。

　ボクは大のカメラ好きで，レンズにつけるフィルターもいろいろ持っている。そんなフィルターの一つに「偏光フィルター」がある。光の波の振動方向を「偏光」というが，その光の偏りを選別するフィルターだ。

　光には進行方向に対して直角な2方向の偏光がある。それを縦偏光，横偏光と呼ぶ（2種類の偏光が組み合わさって，らせんを描いて振動している場合は円偏光という）。ただし，光にとっての縦と横は，周囲で観測しているわれわれの座標系で縦と横とはかぎらない。

　さて，まずは縦偏光だけ通すフィルターをかけると通り抜ける光は暗くなる。量子の言葉でいえば「通り抜ける光子が減る」わけだ。次にフィルターを90度回転させて，横偏光だけを通すフィルターをかけると光は全く通り抜けなくなって真っ暗になる。

　最初に横偏光の連中をせきとめて，次に縦偏光の連中を

第2章 量子論の世界（交換できる世界から交換できない世界へ）

せきとめてしまったからである。横偏光も縦偏光も足止めを食らって通過率はゼロとなる。

ここまではなんの不思議もないが，次の実験は，少々びっくりするかもしれない。

このままの状況で，途中に45度に傾けたフィルターを挿入してみるのだ。すると，なんと，真っ暗だったのがほんのりと明るくなるのである！（図2-6）

これはいったいどうしたことか。

古典論のアタマで，光の偏光状態が「光だけで決まる」と考えていては，この状況は理解することができない。観測装置（フィルター）と観測対象（光）をワンセットで考えて初めて，謎を解くことができる。

最初のフィルターを通過した光は，縦偏光の状態にあるが，それは最初のフィルターの傾きに依存する。言いかえると，観測装置の状態に影響されるのだ。そして，45度に傾いたフィルターを通るとき，光はまたもやフィルターの状態に影響を受ける。ただし，縦だった光は45度まで傾くことはできるが，90度傾くことはできない。直立→45度→水平 と徐々に影響されることは可能だが，直立→水平というわけにはいかないのである。

とにかく，光の量子的な状態は，光単独で決まるものではなく，観測装置との相互作用で決まるものなのだ。

フィルターが縦であれば，光も「縦色に染まり」，45度であれば「少し傾いてみようかしら」となり，最後に「水平になってもかまわないわ！」と変化するのだ。

「なんだか腑に落ちないゾ」という感想をもたれた読者の

95

(a)

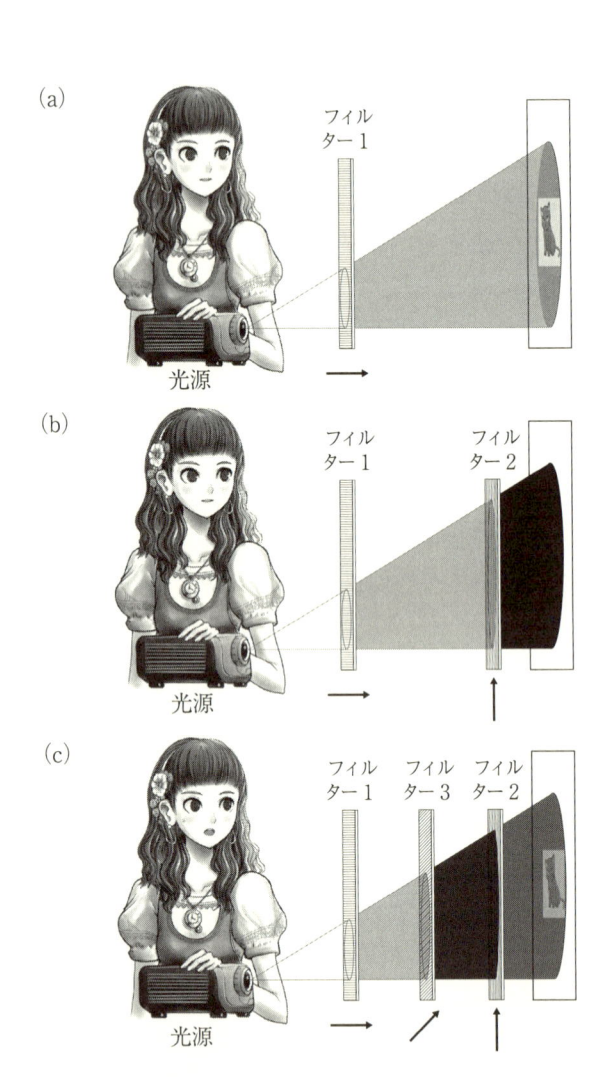

(b)

(c)

図2-6 観測装置（フィルター）によって観測対象（光）の状態が決まる

ために、この魔法のフィルターの数学的なからくりは、次節のコラムで説明するとしよう。

■ヒルベルト空間は怖くない

ディラックによる量子の状態をあらわす用語をご紹介しよう。英語で「括弧」のことをブラケット（bracket）という。つまり、

$$\langle \ \rangle = ブラケット$$

である。これを2つに分離して、

$$\langle \ | = ブラ$$
$$| \ \rangle = ケット$$

と呼ぶことにする。これは共にヒルベルト空間のベクトルであり、量子の「状態」をあらわしている。

ここで「状態」という言葉は少し説明が必要だろう。ニュートン力学で粒子の状態をあらわすには、位置座標xと運動量pを指定すればよい。それは縦軸にx、横軸にpを取った2次元のグラフ上の点である。たとえば$(x, p) = (3, 4)$という点が粒子の物理的な状態だ。それは原点から延びたベクトルと考えてもかまわない。すると、時間とともにxとpの値が変わることは、2次元のグラフ上でベクトルの先端が動き回ることを意味する。それが粒子の状態の変化である。このような2次元空間のことを「位相空間」（phase space）と呼んでいる。

こうやって説明すると、ニュートン力学の時点で、すで

に物理的な状態は抽象的な空間内のベクトルであらわされることが理解できるだろう。

だから、量子論になっても量子の状態が数学的な抽象空間内のベクトルであらわされることは、さほど不思議ではない。

ところで、ベクトルが存在する空間を「ベクトル空間」と呼んでいる。海の表面なども、波の大きさと方向が決まるから、近似的にベクトル空間といっていいだろう。あるいは、この3次元空間だって、空気の流れの大きさと方向が決まるから、やはりベクトル空間とみなすことが可能だ。

で、ヒルベルト空間はベクトル空間の一種で、軸の数（＝次元）は無限でもいいが、ベクトルの長さの2乗、つまりベクトルの自分自身との内積が無限大にならないような空間のこと。

よろしいですか？　2次元のベクトル空間だと軸の数は2つだ。3次元のベクトル空間だと軸の数は3つだ。量子論で使われるヒルベルト空間の場合、それが無限にあってもいいというのである。頭に描くことはできないが、発想を拡げればいい（1, 2, 3, …, ∞ という具合に、自然数だって無限にたくさんある。自然数が1, 2, 3だけじゃ不便だろう。それと同じで、ベクトル空間の軸の数も無限にあるほうが便利だと考えればいい！　注：軸の番号は実数でもかまわない）。

あと、内積という言葉を使ったが、まあ、ベクトルの長さ（の2乗）と考えてもらってさしつかえない。ベクトルの長さが無限だと計算の意味がなくなるので、長さが有限

の場合だけを扱うのである。

ヒルベルト空間は、数学者のダフィート・ヒルベルトが量子論の発見以前に詳しく研究していたので、この名がある。

そのほかに、ふつうのベクトル空間とのちがいは、量子の状態をあらわすケットが複素数であることだろう。ブラとケットの関係は複素共役で、横と縦のちがいがあるとお考えいただきたい。ようするに虚数の部分の符号を変えたものなのだが、具体的にケットを縦行列、ブラを横行列とイメージするとわかりやすい。ブラケットは内積であり、掛け算の結果、ふつうの数になるのだ。

また、ブラケットを逆にしたケットブラ $|\rangle\langle|$ というのもある。これは縦行列に横行列を掛けたものなので、なんと四角い行列になってしまう。量子論では四角い行列は「演算子」と呼ばれるから、ケットブラは演算子なのである（正確には演算子にもさまざまな数学的条件がつく）。

最後に、前に出てきた「平均値」（期待値）は、演算子をブラとケットではさんでやると出てくる。

ブラケットとケットブラと期待値

スピン $l=\frac{1}{2}$ のヒルベルト空間は、無限ではなく2次元になる。ケットを

$$|\uparrow\rangle = \begin{pmatrix} 1 \\ 0 \end{pmatrix}$$

$$|\downarrow\rangle = \begin{pmatrix} 0 \\ 1 \end{pmatrix}$$

とあらわすと，対応するブラは

$$\langle\uparrow| = (1,\ 0)$$
$$\langle\downarrow| = (0,\ 1)$$

となり，ブラケットは，

$$\langle\uparrow|\uparrow\rangle = (1,\ 0)\begin{pmatrix} 1 \\ 0 \end{pmatrix} = 1 \quad (規格化)$$

$$\langle\uparrow|\downarrow\rangle = (1,\ 0)\begin{pmatrix} 0 \\ 1 \end{pmatrix} = 0 \quad (直交)$$

などとなって，ケットの大きさが1に規格化され，互いに直交していることもわかる。

一方，ケットブラは，

$$|\uparrow\rangle\langle\downarrow| = \begin{pmatrix} 1 \\ 0 \end{pmatrix}(0,\ 1) = \begin{pmatrix} 0 & 1 \\ 0 & 0 \end{pmatrix}$$

$$|\uparrow\rangle\langle\uparrow| = \begin{pmatrix} 1 \\ 0 \end{pmatrix}(1,\ 0) = \begin{pmatrix} 1 & 0 \\ 0 & 0 \end{pmatrix}$$

などとなる。

L_zの期待値はブラとケットではさんでやることにより，

第2章 量子論の世界（交換できる世界から交換できない世界へ）

$$\langle\uparrow|L_z|\uparrow\rangle = (1,\ 0)\frac{1}{2}\begin{pmatrix}1 & 0\\ 0 & -1\end{pmatrix}\begin{pmatrix}1\\ 0\end{pmatrix}$$

$$= \frac{1}{2}(1,\ 0)\begin{pmatrix}1\\ 0\end{pmatrix}$$

$$= \frac{1}{2}$$

$$\langle\downarrow|L_z|\downarrow\rangle = (0,\ 1)\frac{1}{2}\begin{pmatrix}1 & 0\\ 0 & -1\end{pmatrix}\begin{pmatrix}0\\ 1\end{pmatrix}$$

$$= -\frac{1}{2}$$

と計算される。

また，L_zはケットブラにより，

$$L_z = \frac{1}{2}\begin{pmatrix}1 & 0\\ 0 & -1\end{pmatrix}$$

$$= \frac{1}{2}\times\begin{pmatrix}1 & 0\\ 0 & 0\end{pmatrix} + 0\times\begin{pmatrix}0 & 1\\ 0 & 0\end{pmatrix} + 0\times\begin{pmatrix}0 & 0\\ 1 & 0\end{pmatrix} - \frac{1}{2}\times\begin{pmatrix}0 & 0\\ 0 & 1\end{pmatrix}$$

$$= \frac{1}{2}|\uparrow\rangle\langle\uparrow| + 0\times|\uparrow\rangle\langle\downarrow| + 0\times|\downarrow\rangle\langle\uparrow| - \frac{1}{2}|\downarrow\rangle\langle\downarrow|$$

$$= \frac{1}{2}|\uparrow\rangle\langle\uparrow| - \frac{1}{2}|\downarrow\rangle\langle\downarrow|$$

と展開できる。

演算子は，「演算して初めて意味をもつような数学的存在」とでも言っておこう。学校で教わる関数の$f(\ )$とい

う記号も演算子の一種である。なぜなら、カッコの中に（3）とか（2.77）というような数字を入れて初めて$f(3)$, $f(2.77)$ の数値が定まるからである。数に演算しない$f(\ )$ なんて意味がない。それと同じで、ケットブラも単独では意味をなさず、演算して初めて意味をもつ存在だ（図2-7）。

少し話が難しくなりかけているが、もうちょっと辛抱していただきたい。

3次元空間では、ベクトルの成分が、x方向、y方向、z方向の長さ1の基本ベクトル（図2-8）で、

$$\begin{aligned}X &= a\boldsymbol{x} + b\boldsymbol{y} + c\boldsymbol{z} \\ &= a\begin{pmatrix}1\\0\\0\end{pmatrix} + b\begin{pmatrix}0\\1\\0\end{pmatrix} + c\begin{pmatrix}0\\0\\1\end{pmatrix} \\ &= \begin{pmatrix}a\\b\\c\end{pmatrix}\end{aligned}$$

という具合にあらわされた。

上記の2次元のヒルベルト空間の場合も一般的なケット$|\psi\rangle$ が、

$$|\psi\rangle = a|\uparrow\rangle + b|\downarrow\rangle$$

とあらわされる。

それと同じで、無限次元のヒルベルト空間のケットも基

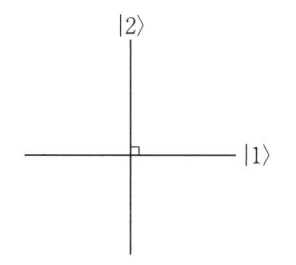

第2章 量子論の世界（交換できる世界から交換できない世界へ）

2次元のヒルベルト空間

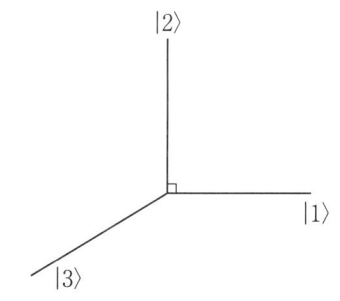

3次元のヒルベルト空間

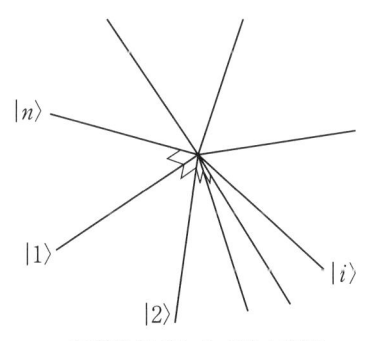

無限次元のヒルベルト空間

図2-7 ヒルベルト空間のイメージ

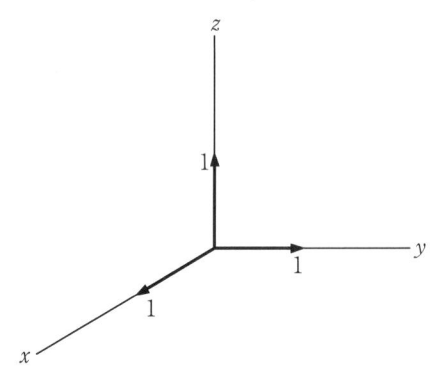

図2-8 長さ1の基本ベクトル

本ケットであらわすことができる。

$$|\phi\rangle = a|1\rangle + b|2\rangle + c|3\rangle + \cdots$$

もしくは,

$$|\phi\rangle = \begin{pmatrix} a \\ b \\ c \\ d \\ \vdots \end{pmatrix}$$

この状態ベクトルにエネルギー E や位置座標 x や運動量 p などの物理量が「演算子」としてかかることにより、たとえば,

$$p|\phi\rangle$$

と運動量の状態などを調べることができる。

なお、記法の問題で、演算子には「ふつうの数ではなく演算子」であることを示すために $\hat{p}$ のようにハットをつけ

ることが多いが，本書ではハットは使わない。（ちなみに，数学者は演算子ではなく「作用素」という言葉を使うが，英語では両方とも「オペレーター（operator）」で一緒。学術用語の翻訳にもなわばりがあるのだ）

もしpが時間に依存する$p(t)$であれば，$p(t)|\phi\rangle$は時間とともにヒルベルト空間内を移動する。

ちなみに，物理系の時間依存性を演算子$p(t)$に含めるか，ケット$|\phi(t)\rangle$のほうに含めるかでも計算方法は変わり，それぞれハイゼンベルク流，シュレディンガー流と呼ばれている。シュレディンガー流で話をするとシュレディンガー方程式が出てきて，それは波動方程式なので，「量子は波の世界だ」という感じになる。ハイゼンベルク流で話をするとハイゼンベルク方程式が出てきて，どちらかというと古典論に近いイメージになり，「量子は行列だ」という感覚になる。

この本では主にハイゼンベルク流で話をするので，あまり「波動」のイメージが説明できないが，あしからず。

$$シュレディンガー流：p|\phi(t)\rangle$$
$$ハイゼンベルク流：p(t)|\phi\rangle$$

完全なアナロジーではないが，このシュレディンガー流とハイゼンベルク流は，2次元平面で物体が動いているとき，座標系を固定して物体の動きを描いてもいいが，物体を固定して周囲の座標系が動いていると考えてもいいのと少し似ている。（RPGゲームなんかやっていると，主人公の視点と固定された地図がごちゃごちゃになってしまう

が，それとも事情が似ている！）

状態$|\phi\rangle$が基本ケットで展開できたように，演算子xやpやEなども，

$$E = a|1\rangle\langle 1| + b|1\rangle\langle 2| + \cdots$$

というように基本ケットブラで展開することができる。これはまさに四角い行列である（すでにスピン$\frac{1}{2}$のL_zの例で説明したが，無限行列でも話は同じだ）。

で，たとえばエネルギーの最低準位を求めたければ，演算子Eをブラとケットではさんで，

$$\langle 1|E|1\rangle = a\langle 1|1\rangle\langle 1|1\rangle + b\langle 1|1\rangle\langle 2|1\rangle + \cdots = a$$

などと計算ができる。

ここで，$\langle 1|1\rangle = 1$，$\langle 1|2\rangle = 0$などを使ったが，これは，基本ケットの長さが1に規格化され，また基本ケットどうしは互いに直交していることを意味する。（たとえばふつうの3次元ユークリッド空間でも基本ベクトルの長さは1で，x方向とy方向の基本ベクトルは直交しているから内積をとるとゼロになる！）

ぜいぜいぜい……駆け足で説明してきたが，ディラックのブラケット記法は実に便利だ。たとえば，すぐ後のコラムで必要になるが，$|\uparrow\rangle$という状態の量子が$|\nearrow\rangle$という状態に変化する確率は，両者の内積，

$$\langle\nearrow|\uparrow\rangle$$

をとって，2乗すればいい。量子どうしがぶつかって散乱

するような場合でも，最初の状態のケットと終わりの状態のブラをかけて2乗すると，量子どうしが衝突する確率が求められる。

さきほど，ケット（とブラ）の長さが有限だと言ったが，それは，量子論では，ブラケットという数値が確率的な観測値を意味するからである。物理現象が起きる確率は，全部の可能性を足すと100パーセントでなくてはならない。だから，ケット（とブラ）の長さは有限でなくてはいけない。

とにかく，次元が無限でもかまわない点と，ベクトルが複素数である点を除けば，ほとんど学校で教わるベクトル空間とのアナロジーで理解できるのだから，量子論のヒルベルト空間もさほど怖くないことがおわかりいただけただろう！

あなた好みの偏光のからくり

前節の終わりに光の偏光状態がフィルターの傾きに影響される話をした。まさに「あなた好みの光子になるわ」という感じだが，そのからくりは以下の通り。

たくさんの光ではなく光子1個に注目する。

光子の偏光をあらわすケットをフィルターの傾きに合わせて$|\uparrow\rangle$, $|\rightarrow\rangle$, $|\searrow\rangle$, $|\nearrow\rangle$と書くことにしよう。すると，最初の縦フィルターを通過したあとの光子の状態は，

$$|\uparrow\rangle = \frac{|\nwarrow\rangle + |\nearrow\rangle}{\sqrt{2}}$$

とあらわされる。これが量子の状態の「重ね合わせ」の具体例である。

これが45度に傾いたフィルターを通過する確率を計算してみよう。ケットの$|\uparrow\rangle$に左からブラの$\langle\nearrow|$をかけて,

$$\langle\nearrow|\uparrow\rangle = \frac{\langle\nearrow|\nwarrow\rangle + \langle\nearrow|\nearrow\rangle}{\sqrt{2}} = \frac{0+1}{\sqrt{2}} = \frac{1}{\sqrt{2}}$$

となるが,これを2乗して確率は50パーセントと計算できる。つまり,五分五分の確率で1個の光子は45度のフィルターを通過するのである。

次に,その光子が45度のフィルターを通過したとすると,その状態は,

$$|\nearrow\rangle = \frac{|\uparrow\rangle + |\rightarrow\rangle}{\sqrt{2}}$$

と書くことができる。この状態の光子が横フィルターを通過する確率は,ケットの$|\nearrow\rangle$に左からブラの$|\rightarrow\rangle$をかけて50パーセントとなる。

このように,光子の偏光状態を観測機器(フィルター)の傾きと合わせて考察することにより,古典論では理解しがたい実験結果をうまく説明することができる。

ちなみに,最初の実験で真っ暗になってしまった理由

第2章 量子論の世界（交換できる世界から交換できない世界へ）

は，$|↑\rangle$ 状態と $|→\rangle$ 状態が直交しているからにほかならない。つまり，

$$\langle →|↑\rangle = 0$$

だったのである。

量子論における「観測」の意味

海の波がベクトル空間だと書いたが，ヒルベルト空間内のベクトル（それを$|\phi\rangle$と書こう）も「波」とみなすことが可能だ。実際，波だから，重ね合わせが可能なのだし，波だから不確定でもあるのだ。ただし，量子の状態をあらわすベクトル$|\phi\rangle$は，波といっても「確率の波」であり，かなり抽象的な波だ。

ところで，量子論における「観測」はとても難しい問題だ。観測機器は，量子がたくさん集まってできているが，もはや量子の性質を示すことはない。すでに波としての性質を失ってしまっている。そんな観測装置と（いまだに波の性質をもっている）量子が相互作用した結果，量子が波の性質を失うのが観測なのだ。

前に海の波がベクトル空間だと言ったが，そのイメージで言うならば，いろいろな場所にピークのある複雑な形をした波$|\phi\rangle$が，観測により，1点だけにピークが集中するような感じが観測だ。

波$|\phi\rangle$に運動量演算子pが演算して$p|\phi\rangle$になるというのは，実は観測そのものではない。運動量pのいくつ

109

かの（場合によっては無数の）「可能性」がわかるにすぎない。$p|\phi\rangle$ もいまだにたくさんピークがある（＝たくさん可能性のある）波なのだ。同様に，$E|\phi\rangle$ は，$p|\phi\rangle$ とは全然別の形をした波なのだ。

そういったエネルギー E や運動量 p の「可能性」が観測により，1つに収束するのである（そのメカニズムと数学はこの本では紹介できないが，たとえば巻末の参考書『基礎量子力学』などをご覧いただきたい）。

■量子化の具体例

延々と抽象的な話が続いたので，いい加減，飽きてしまった読者も多いかもしれない。

ここら辺で簡単な例題を分析することにより，「量子化」の意味を身体で実感してみよう。扱うのは「バネ」である。専門用語では「調和振動子」というが，ようするに x 軸の上だけで振動するバネのことである。

まずはニュートン力学で解いてみる。ご存じニュートンの方程式は，錘（おもり）の質量を m とすると，

$$F = ma$$

である。バネを引き伸ばすと縮む方向（つまり反対方向）に伸ばした長さ x に比例する力を受ける。その比例係数を k とおくと，

$$F = -kx$$

と力があらわされる。さて，錘が受ける加速度 a は，速度

第2章 量子論の世界（交換できる世界から交換できない世界へ）

v の変化率であり，速度 v は位置座標 x の変化率なので，

$$a = \frac{dv}{dt} = \frac{d^2x}{dt^2}$$

と書くことができるから，（回りくどい説明で申し訳なかったが）

$$m\frac{d^2x}{dt^2} = -kx$$

$$\frac{d^2x}{dt^2} = -\frac{k}{m}x$$

が解くべきニュートンの方程式ということになる。

x を2回微分すると $-\dfrac{k}{m}$ とマイナスの係数が出てくるわけだが，x であることには変わりはないのだから，すぐに三角関数であることが推測でき，

$$x = A\cos\omega t + B\sin\omega t$$

という形の解だとわかる。新たな記号 $\omega = \sqrt{\dfrac{k}{m}}$ は振動数である（ω：1秒間に何回振動するか）。また，運動量 p は，

$$\begin{aligned}p &= mv \\ &= m\frac{dx}{dt} \\ &= -A m\omega\sin\omega t + B m\omega\cos\omega t\end{aligned}$$

である。

バネが行って戻ってくるのにかかる時間，つまり周期 T は，

$$T = 2\pi\sqrt{\frac{m}{k}}$$

となる。エネルギーは，

$$E = \frac{1}{2}mv^2 + \frac{1}{2}kx^2$$
$$= \frac{p^2}{2m} + \frac{1}{2}kx^2$$

と書くことができる。

最初に「どれくらいバネを引き伸ばすか」によりエネルギー E が決まるが，周期の式を見れば明らかなようにバネが1往復するのにかかる時間 T は不変だ（コラム「重力列車」参照）。

さて，ここまでは古典論の話だった。これを量子化してみよう。具体的には，位置座標 x と運動量 p の間に交換関係，

$$[x, p] = i\hbar$$

を課すのである。すると，これまで「ふつうの数」だった x と p は「演算子」となり，バネの状態に演算して初めて意味をもつ存在となる。

また，単なる数だったエネルギーも演算子になって，バネの状態に E を演算するとエネルギーが求められる。

量子論では，この交換関係とエネルギー演算子が決まれば，そこからあらゆる理論的な結果が出てくる。

ここで，なんで，そんな煩わしい量子化をしなくてはならないのかという疑問を抱いた読者は，もう一度81ページをご覧いただきたい。「交換関係イコール不確定性」という関係があるのだ。もし目の前のバネがミクロの量子であれば，そのバネを実験観察したときには，必然的に不確定性が入り込んでくる。交換関係を課すことにより，量子のバネのふるまいを理論的に考察できるようになるのだ。

いや，さらに疑問は深まるかもしれない。

「そもそもミクロのバネなんて考察して何の意味があるのか？」

たとえば，身近な存在である電磁場は電場と磁場の振動なのだが，その振動は（不確定性をともなった）ミクロのバネとみなすことが可能なのだ。だから，量子論で電磁場を扱うときには，単なる古典論の電磁気学だけではだめで，調和振動子を量子化しなくてはならない。

この章は量子論の詳細よりも「意味」を説明するのが目的で，特に量子重力理論への「つなぎ」に主眼をおいているので，発見的な解き方ではなく，天下りでどんどん結果だけを羅列してしまうがあしからず（先人たちがどういう苦労の末に答えにたどり着いたのかは，たとえば『量子力学』朝永振一郎，みすず書房などをご覧いただきたい）。

量子力学ではエネルギーは不連続で飛び飛びの値を取るので，エネルギーの大きさの順に番号を付けることができ

る。そこで、エネルギーの「固有状態」を$|n\rangle$というケットであらわす（nは下からn番目のエネルギー準位という意味）。

$$|0\rangle = \begin{pmatrix} 1 \\ 0 \\ 0 \\ 0 \\ \vdots \end{pmatrix}$$

$$|1\rangle = \begin{pmatrix} 0 \\ 1 \\ 0 \\ 0 \\ \vdots \end{pmatrix}$$

$$|2\rangle = \begin{pmatrix} 0 \\ 0 \\ 1 \\ 0 \\ \vdots \end{pmatrix}$$

などとなっている。

エネルギーの固有状態は、エネルギー演算子の対角線だけに数値が並んでいるような状態だ。つまり、量子論の問題を解くというのは、お目当ての演算子を対角化する作業にほかならない（コラム参照）。

88～89ページでご紹介したxとpから、エネルギーは、

第2章 量子論の世界（交換できる世界から交換できない世界へ）

$$E = \frac{p^2}{2m} + \frac{1}{2}kx^2$$

$$= \frac{1}{2}\hbar\omega \begin{pmatrix} 1 & 0 & 0 & 0 & \cdots \\ 0 & 3 & 0 & 0 & \cdots \\ 0 & 0 & 5 & 0 & \cdots \\ 0 & 0 & 0 & 7 & \cdots \\ \vdots & \vdots & \vdots & \vdots & \cdots \end{pmatrix}$$

と書くことができる。たとえば下から3番目のエネルギー準位を求めるには，エネルギー演算子Eをブラとケットではさんでやって，

$$\langle 2|E|2\rangle = \frac{1}{2}\hbar\omega (0\ \ 0\ \ 1\ \ 0\ \ \cdots)\begin{pmatrix} 1 & 0 & 0 & 0 & \cdots \\ 0 & 3 & 0 & 0 & \cdots \\ 0 & 0 & 5 & 0 & \cdots \\ 0 & 0 & 0 & 7 & \cdots \\ \vdots & \vdots & \vdots & \vdots & \cdots \end{pmatrix}\begin{pmatrix} 0 \\ 0 \\ 1 \\ 0 \\ \vdots \end{pmatrix}$$

$$= \frac{1}{2}\hbar\omega (0\ \ 0\ \ 1\ \ 0\ \ \cdots)\begin{pmatrix} 0 \\ 0 \\ 5 \\ 0 \\ \vdots \end{pmatrix}$$

$$= \frac{5}{2}\hbar\omega$$

などと計算してやる。ミクロのバネは，飛び飛びのエネルギーをもつ。$\hbar\omega$はエネルギーの飛び飛びの単位なので，

115

「エネルギー量子」(=エネルギーの最小の塊)と呼ばれている。

面白いのは、最低エネルギーの $\langle 0|E|0 \rangle$ が $\frac{\hbar\omega}{2}$ であることだ。これは「ゼロ点エネルギー」と呼ばれ、不確定性により「錘の振動」がゼロになれないことを意味する(それに対して、古典的なバネの場合、錘は完全に停止することができる!)。

これが「交換関係と不確定性は同等だ」という意味だ。この関係は本当に重要なので、きちんとたしかめておこう(とはいえ、数学的な話にあまり興味がない読者は飛ばしてもらってさしつかえない!)。

まず、不確定性の Δ の数学的な定義は、

$$\Delta x = x - \langle n|x|n \rangle$$

である。少々わかりにくいが、移項して

$$x = \langle n|x|n \rangle + \Delta x$$

と書けば、x は x の期待値に x の不確定性を足したもの、ということで理解できるだろう。Δx も x も演算子(行列)だが、$\langle n|x|n \rangle$ は期待値であり(演算子ではなく)ふつうの数であることに注意。また、Δx の期待値 $\langle n|\Delta x|n \rangle$ はゼロである。なお、x の期待値を計算するときには、バネのどの状態の期待値なのかを指定してやる必要がある。今の場合は一般的な状態 $|n\rangle$、つまり下から n 番目のエネルギー状態における x の期待値を計算する。

さて、Δx の期待値はゼロなので、Δx の2乗平均を計算

第2章 量子論の世界(交換できる世界から交換できない世界へ)

してみよう。まず,

$$(\Delta x)^2 = x^2 - 2\langle n|x|n\rangle x + \langle n|x|n\rangle^2$$

となる。この平均値を計算すると,

$$\begin{aligned}\langle n|(\Delta x)^2|n\rangle &= \langle n|x^2|n\rangle - 2\langle n|x|n\rangle^2 + \langle n|x|n\rangle^2 \\ &= \langle n|x^2|n\rangle - \langle n|x|n\rangle^2 \\ &= \langle n|x^2|n\rangle\end{aligned}$$

ここで,$\langle n|x^2|n\rangle$ は x^2 という演算子の平均値であり,$\langle n|x|n\rangle^2$ は x という演算子の平均値の2乗であり,後者は(x の具体的な行列の形を使えばわかるように)ゼロであることに注意していただきたい(注:88ページ参照。対角線はゼロ)。

もう少しである。

x の行列の具体的な形を使って x^2 を計算すれば,

$$x^2 = \frac{\hbar\omega}{2k}\begin{pmatrix} 0 & 1 & 0 & 0 & \cdots \\ 1 & 0 & \sqrt{2} & 0 & \cdots \\ 0 & \sqrt{2} & 0 & \sqrt{3} & \cdots \\ 0 & 0 & \sqrt{3} & 0 & \cdots \\ \vdots & \vdots & \vdots & \vdots & \cdots \end{pmatrix}\begin{pmatrix} 0 & 1 & 0 & 0 & \cdots \\ 1 & 0 & \sqrt{2} & 0 & \cdots \\ 0 & \sqrt{2} & 0 & \sqrt{3} & \cdots \\ 0 & 0 & \sqrt{3} & 0 & \cdots \\ \vdots & \vdots & \vdots & \vdots & \cdots \end{pmatrix}$$

$$= \frac{\hbar\omega}{2k}\begin{pmatrix} 1 & 0 & \sqrt{2} & 0 & \cdots \\ 0 & 3 & 0 & \sqrt{6} & \cdots \\ \sqrt{2} & 0 & 5 & 0 & \cdots \\ 0 & \sqrt{6} & 0 & 7 & \cdots \\ \vdots & \vdots & \vdots & \vdots & \cdots \end{pmatrix}$$

となるから,

$$\langle 2|x^2|2\rangle = (0,0,1,0\cdots)\frac{\hbar\omega}{2k}\begin{pmatrix} 1 & 0 & \sqrt{2} & 0 & \cdots \\ 0 & 3 & 0 & \sqrt{6} & \cdots \\ \sqrt{2} & 0 & 5 & 0 & \cdots \\ 0 & \sqrt{6} & 0 & 7 & \cdots \\ \vdots & \vdots & \vdots & \vdots & \cdots \end{pmatrix}\begin{pmatrix} 0 \\ 0 \\ 1 \\ 0 \\ \vdots \end{pmatrix}$$

$$= \frac{\hbar\omega}{2k} \times 5$$

$$= \frac{\hbar\omega}{k} \times \frac{5}{2}$$

などとなり,これを一般化して,

$$\langle n|(\Delta x)^2|n\rangle = \langle n|x^2|n\rangle = \frac{\hbar\omega}{k}\left(n + \frac{1}{2}\right)$$

同様に,

$$\langle n|(\Delta p)^2|n\rangle = \langle n|p^2|n\rangle = m\hbar\omega\left(n + \frac{1}{2}\right)$$

よって,

$$\langle n|(\Delta x)^2|n\rangle\langle n|(\Delta p)^2|n\rangle = \left(n+\frac{1}{2}\right)^2 \hbar^2$$

になる。これがバネの不確定性の正確な形だが,省略形として,

$$\Delta x \Delta p = \left(n+\frac{1}{2}\right)\hbar$$

と書くならわしだ。まぎらわしいが,この最後の表記では Δx も Δp も（演算子ではなく）単なる数を意味すると解釈していただきたい。実際には演算子の2乗平均という意味がある。

しんどくて申し訳なかったが,大事なのは,x と p が交換しないために不確定性が生じたことである（ここでは具体例で見たが,交換関係と不確定性の間の関係は,もっと一般的に証明が可能だ）。

というわけで,古典論に交換関係を課すと不確定性が生まれ,同時に（多くの場合),物理量がデジタルになるのである。それが量子論のエッセンスである。

重力列車

バネの振動は「重力列車」にもあらわれる。たとえば,東京からパリまで直線の穴を掘ってみる。その穴に列車を落とすと,重力によってグーンと加速して,経路の真ん中で最高速度に達し,今度は重力によって徐々に

減速され、パリで地上に出るときに速度はゼロになる（そのままにしておくと、再びパリから東京へ列車は戻ってしまうが）。

面白いのは、この重力列車の所要時間が地球上のどの2点でも約42分であることだ。穴が地球の直径でも、もっと短くても約42分なのである。いったいなぜか？

図2-9からわかるように、重力列車が受ける重力は、経路の真ん中の地点からの距離xに比例する。列車の重さをmとすると、$mg\cos\theta = mg\dfrac{x}{r}$。また、地球の中心から距離$r$の点の重力加速度は$g = g_0\dfrac{r}{r_0}$だ（$g_0$は地表での値。ようするに深さに比例する）。よって、

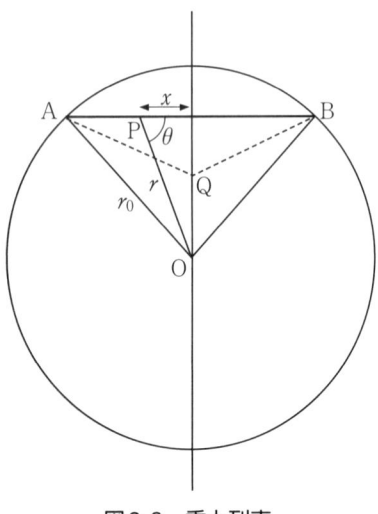

図2-9 重力列車

$$f = -mg\frac{x}{r} = -mg_0\frac{x}{r_0}$$

つまり,

$$f = -kx$$

という形をしているから,バネ振動になるのだ。バネ振動の周期は(r_0とg_0は定数なので)

$$T = 2\pi\sqrt{\frac{m}{k}} = 2\pi\sqrt{\frac{r_0}{g_0}} \fallingdotseq 84 分$$

になる。だから,どんな穴でも1往復にかかる時間は約

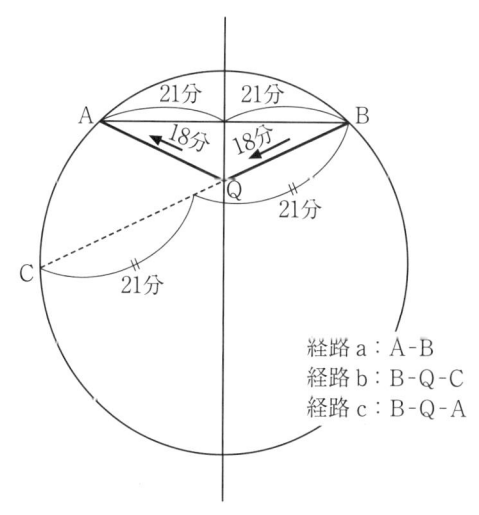

経路a:A-B
経路b:B-Q-C
経路c:B-Q-A

図2-10 経路が曲がると時間が短縮される!

84分であり,往路だけならその半分で約42分になる。

　なお,経路を曲げてやると,この時間はもっと短縮できることが知られている。経路が長くなるのに時間が短縮されるのは不思議だが,前ページ図2-10で理解できる。

　経路aも経路bも42分かかる。ということは,経路cは,経路bの半分(約21分)よりも短い区間がつながっているのだから,42分より短い時間で行かれることがわかる(最短の経路はサイクロイド曲線になる)。

　いやあ,重力もバネも地球規模で考えると,なんとも不思議なものですなぁ。

第2章 量子論の世界（交換できる世界から交換できない世界へ）

交換関係を実現する行列でない具体例

　交換関係は必ずしも行列の形でなければ実現できないわけではない。実際，ふつう教科書で教わるのは，行列の形ではなく，微分演算子の形である。$[x, p] = i\hbar$ を実現するには，

$$p = -i\hbar \frac{d}{dx}$$

としてやればいい。演算子が波動を意味する関数にかかると考えれば，

$$\begin{aligned}
[x, p]\psi(x) &= (xp - px)\psi(x) \\
&= x\left(-i\hbar \frac{d}{dx}\right)\psi(x) - \left(-i\hbar \frac{d}{dx}\right)x\psi(x) \\
&= -i\hbar x \frac{d\psi}{dx} + i\hbar \frac{d}{dx}(x\psi) \\
&= -i\hbar x \frac{d\psi}{dx} + i\hbar \frac{dx}{dx}\psi + i\hbar x \frac{d\psi}{dx} \\
&= i\hbar \psi(x)
\end{aligned}$$

となって，たしかに微分演算子は交換関係を満たす（ここに出てきた波動関数 $\psi(x)$ は，ブラケット記法では $\langle x | \psi \rangle$ となり，ようするに x を対角化している）。

　ところで，この微分演算子だが，p は p のままで，

$$x = i\hbar \frac{d}{dp}$$

123

としても交換関係がなりたつ。ただし、今度は波動関数はxではなくpの関数$\phi(p)$を使う。

量子論の本質は、具体的な行列の形とか微分の形とかではなく、抽象的に見える$[x, p] = i\hbar$ という交換関係にあるのだ。

行列の対角化の意味

行列の対角化というのは、ようするに物理系に対称性がある場合に「うまい座標軸を選ぶ」ということにほかならない。よく知られているのはテニスラケットの慣性モーメントだ。慣性モーメントというのは、質量の概念を回転する場合に拡張したもの。

質量は「動きにくさ」のことだが、慣性モーメントは「回転しにくさ」のこと。

$$p = mv$$
（運動量＝質量×速度）

に対応する回転バージョンは、

$$L = I\omega$$
（角運動量＝慣性モーメント×角速度）

となる。

一例として、半径r、高さh、質量mの円錐を考えると、その慣性モーメントIは、

$$I = \begin{bmatrix} \frac{3}{5}mh^2 + \frac{3}{20}mr^2 & 0 & 0 \\ 0 & \frac{3}{5}mh^2 + \frac{3}{20}mr^2 & 0 \\ 0 & 0 & \frac{3}{10}mr^2 \end{bmatrix}$$

とあらわされる。ただし,図2-11のようなうまい座標系を選んだ場合である。

これはようするに独楽なので,z軸の慣性モーメント(=回りにくさ)が一番小さいことは,直観的に理解できる。で,この慣性モーメントはすでに対角化されている。座標系を適当に回転して,新たなx',y',z'軸で慣性モーメントを計算すると,非対角成分が出てき

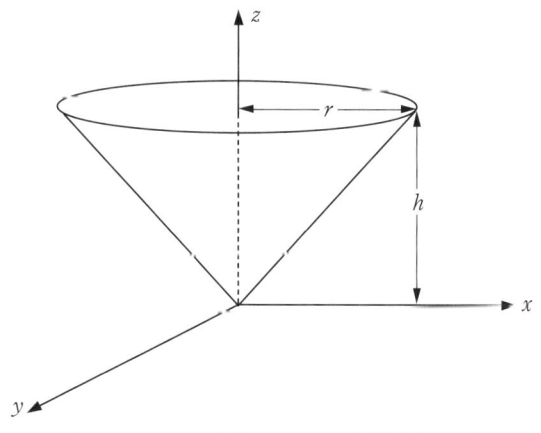

図2-11　z軸の慣性モーメントが最小の座標系

てしまうのだ。

　量子論の場合，問題となる空間は無限次元のヒルベルト空間であり，そこでのケット $|1\rangle, |2\rangle, |3\rangle, \cdots$ が，うまい座標系になっていれば，たとえばエネルギー演算子の行列が対角化されているわけだ。

　演算子 x と p は，いくらケットをうまく選んでも，同時には対角化できない。片方を対角化すれば他方が非対角化されてしまう。この，「いくらがんばっても同時に対角化できない」ということが「交換しない」という意味なのである。

　数学の線形代数学の授業で，しつこく行列の対角化をやらされるが，それは量子論のとてもよい練習になる。

■まとめ

　量子論の本質的な理解は次のような感じかもしれない。「われわれの世界は，実は無限次元のヒルベルト空間の中をケットたちが動き回っているにすぎない。それは複素数の世界であり，ものごとが確率的にしか決まらない世界でもある。物理量は単なる数ではなく演算子であり，それは行列の格好と考えてもいいし，微分の格好と考えてもいい。われわれが観測する数値は実数であり，観測値はデジタルになることが多い。演算子どうしが交換しないことが不確定性を意味する」

　とはいえ，常に無限次元が必要になるわけではない。素粒子がもっているスピンという回転状態は，たった2次元であらわすこともできる。

第2章 量子論の世界（交換できる世界から交換できない世界へ）

　また，無限の軸の数は 1, 2, 3, … と自然数で数えられるとは限らず，実数で数えられることもある。それに応じて，演算子を行列であらわす場合も，はっきりとした数字が並んでいるのではなく，まるで濃淡のグラデーションが連続的に並んでいるイメージが必要となる。

　量子論というのは，勉強すればするほど，概念がどんどん拡張されていくような世界で，全体的な理解を得るのがとても難しい。

　ここでは，不確定性と交換関係が数学的に同等であることだけを忘れずに，第3章に進むこととしよう。

第3章
二重相対論
(あるいは量子重力への前哨)

特殊相対論と量子論の概要がわかったところで、いよいよ「二重相対論」へと進もう。二重相対論の起源はどこにあるのか。そして、なぜ、相対論を「二重」にすると量子重力理論の姿が「垣間見える」のか。そういった問題を中心に数式も交えて3つの論文を読んで行こう。

　量子重力理論は、物理学の目下の最大の懸案の一つだといっていい。とにかく量子論と重力理論は相性が悪いのである。だが、おおむかし、宇宙は素粒子より小さかったのであり、その時代も含めて物理学で記述しようとするならば、量子論と重力理論の統一は避けて通れない問題だ。

　まえがきでも触れたが、そんな大問題なので、まともに量子重力理論を理解しようとするとかなりの準備と勉強が必要になってしまう。そこで、この本では二重相対論という「抜け道」を使って、量子重力理論に向かって半歩進んでみようと思うのだ。（ご注意。ここから原論文を読み進めていくため、急に数式が難解になる。なるべくわかりやすく解説するつもりだが、原論文に進む読者以外は、数式を思いきって飛ばして、「ストーリー」を中心に追っていただいたほうがいいかもしれない）

■スナイダー理論の衝撃

　ボクがまだ物理学科の学部生だったころ、ハートランド・スナイダー（Hartland S. Snyder）という物理学者が書いた、古びた論文を図書館でコピーして、食い入るように読んだ憶えがある。

　それは1947年1月号のフィジカル・レビュー誌に掲載さ

れた「量子化された時空」(Quantized Space-Time) という名前の論文だ。第二次世界大戦が終わった翌年に書かれている。当時の物理学の最大の懸案は，量子論と電磁気学を組み合わせた「量子電磁力学」に出てくる無限大の解決だった。

量子電磁力学は，その名のごとく，電子や陽電子のように電磁力で結びつけられた現象を扱う。電磁力の源は光，すなわち電磁波だが，それを量子論で扱うと光は「光子」という名の量子に化ける。

もともと量子電磁力学の計算は厳密解ではなく「摂動」と呼ばれる近似計算でおこなわれる。ニュートン力学では重力で相互作用する天体が2つまでは厳密に解けるが，3つになると一般には解けない。そこで，たとえば太陽と地球と月の運動を考えるときに，まずは太陽と地球だけを考えて解いてみる。それから3番目の月の影響を補正する。この補正が「摂動」なのだ。量子論でも摂動の計算が使われる（英語では「perturbation＝攪乱」という）。

ところが，量子論の摂動には，ニュートン力学にはない奇妙な現象があらわれる。それは，摂動の計算を進めて，補正のさらなる補正をおこなうと，計算結果が無限大になってしまう現象だ。そもそも補正は小さな効果であり，さらなる補正はもっと小さな効果のはずだから，補正前に有限だった答えが補正後に無限になるなんてありえない。どこか量子電磁力学の計算に欠点があるにちがいない。

この懸案は，やがて「くりこみ理論」と呼ばれる方法により解決され，かの有名なリチャード・ファインマンや日

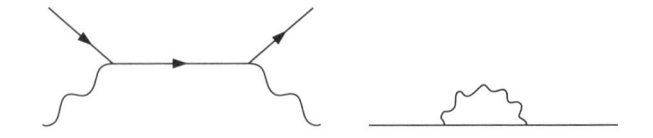

図3-1　発散しないファインマン図（左）と発散するファインマン図（右）

本の朝永振一郎らがノーベル賞を取ったわけなのだが，物理学者の間にはどこか「気持ち悪い」感触が残った。くりこみ理論はすばらしいものだったが，対症療法にすぎないのではないか，という疑問がぬぐい去れなかったからだ。くりこみ以外に，もっと根本的な解決策があるのではないか？　多くの物理学者がそう考えた（図3-1）。

そもそもの無限大の原因を考えてみると，相互作用が「点」で起きるからいけないのではないか，という方向に自然に考えが行ってしまう。素粒子はニュートン力学的に考えると「質点」であり，その意味は「質量をもった，大きさのない点」なのだ。ニュートン力学にも万有引力の逆2乗則で距離をゼロにすると無限大になる問題は存在した。電磁気学のクーロンの法則だって距離がゼロになれば力は無限大になってしまう。両方とも力が$\frac{1}{r^2}$という逆2乗の格好だから，rがゼロになると力が無限大になるという問題があるのだ。

第3章 二重相対論（あるいは量子重力への前哨）

　量子論になると、不確定性によって、粒子の位置は必然的にぼやけてしまうから、このような問題は生じないように思われるが、意に反して、無限大は出てきてしまった。

　量子論では、たしかにxとpは交換しないが、tやx、xやyなどは交換する。いいかえると時間や空間そのものは量子化されていない。大きさのない点から生まれる無限大の問題を根本的に解決するためには、時空そのものの量子化が必要ではないのか。物理学者の多くがそう考えた。

　そして、それをいとも簡単に実現したのがスナイダー論文だったのである。

　スナイダー論文には、次のような交換関係が載っている。

$$[x,\ y] = \frac{ia^2}{\hbar}L_z,\quad [t,\ x] = \frac{ia^2}{\hbar c}M_x,$$

$$[y,\ z] = \frac{ia^2}{\hbar}L_x,\quad [t,\ y] = \frac{ia^2}{\hbar c}M_y,$$

$$[z,\ x] = \frac{ia^2}{\hbar}L_y,\quad [t,\ z] = \frac{ia^2}{\hbar c}M_z,$$

　空間座標同士の交換関係の右辺に出てくるLは第2章でご紹介した角運動量であり、時間と空間の交換関係の右辺に出てくるMはローレンツ変換を意味している。たとえばxとyの交換関係は、x-y平面の「回転」、すなわち、z軸方向の角運動量L_zと関係していて、tとxの交換関係は、ローレンツ変換M、すなわち時空の「回転」と関係しているのだ。

その他の交換関係は次のようになる。

$$[x, \ p_x] = i\hbar \left[1 + \left(\frac{a}{\hbar}\right)^2 p_x^{\ 2}\right] ;$$

$$[t, \ p_t] = i\hbar \left[1 - \left(\frac{a}{\hbar c}\right)^2 p_t^{\ 2}\right] ;$$

$$[x, \ p_y] = [y, \ p_x] = i\hbar \left(\frac{a}{\hbar}\right)^2 p_x p_y ;$$

$$[x, \ p_t] = c^2 [p_x, \ t] = i\hbar \left(\frac{a}{\hbar}\right)^2 p_x p_t ; \text{etc.}$$

ここで p_t という表記は「運動量の時間成分」を意味し、ようするに「エネルギー」のこと。なぜなら、相対論では、時空として (t, x, y, z) という4つ組を考えるが、同様にエネルギー・運動量として (E, p_x, p_y, p_z) の4つ組も考えるからだ。相対論では、エネルギーは運動量の時間成分とみなすことができる。

また、a は、この本の冒頭に出てきた「プランク長さ」である。プランク長さは10のマイナス33乗センチメートルというレベルなのだから、日常生活からするとゼロに近い。10億分の1メートル、すなわちナノレベル以下の世界に適用されている量子論から見ても、プランク長さはほとんど無視できるくらい小さい。プランク長さが効いてくるのは、量子論と重力理論が融合する量子重力の領域なのだ。

交換関係にプランク長さが出てきていることは、スナイダーが量子論を拡張して、「量子重力の効果を採り入れた」と解釈することができる。スナイダーの時空量子化で

は、通常の量子論の交換関係に、プランク長さaの2乗に比例する補正項が加わっている（物理学徒のための注：通常の量子論では時間が演算子でないため、時間とエネルギーの交換関係は存在しないし、時間とエネルギーの不確定性も数学的に導かれるものではないが、スナイダーの量子時空では時間も演算子になっている点に注意）。

ちなみに、量子重力理論の最右翼の呼び声が高い超ひも理論に出てくる不確定性の式は、

$$\Delta x \geqq \frac{1}{\Delta p} + a^2 \Delta p$$

という形で、通常の量子論の不確定性に加えて、プランク長さの2乗に比例する項が付け加わっている（$\hbar=1$とした）。どうやら、量子重力と関係する理論においては、このような形で不確定性原理が拡張されるのが自然なようである。

さて、スナイダーの試みが凄いのは、特殊相対性理論に欠かせない不変量、

$$s^2 = -t^2 + x^2 + y^2 + z^2$$

が、きちんと不変に保たれる点だ。物理用語でいえばスナイダー理論は「ローレンツ不変」な理論なのである。ローレンツ不変でない理論は、そもそも特殊相対論と整合的でないのだから、現実の宇宙を記述する理論としては不適格だ。スナイダーの量子時空は、物理学が課す厳しい条件を楽々とクリアしているのである（144ページのコラム参照）。

ところで、超ひも理論と不確定性の形が似ているのはいいとして、そもそもスナイダーが課した時空座標どうしの交換関係がうまく機能する保証はどこにあるのだろう？　藪から棒に交換関係を課せばいいというものではない。なんらかの保証が必要になる。

　実は、運動量空間が一定曲率をもった4次元ドジッター空間になっていると考えると、交換関係の具体的な「表現」が存在することをスナイダーは指摘している。「ドジッター空間」は、オランダの天文学者ウィレム・ドジッターにちなんだもの。物質がなくて宇宙定数が存在するため、長い間、観測事実とは合わない机上の空論だと思われていた。だが、1970年代にインフレーション宇宙の考えが台頭し、宇宙が急激に膨張する様子がドジッター宇宙とほとんど同じであることがわかり、再び脚光を浴びるようになった。また、最近では、実際にこの宇宙には宇宙定数（もしくは暗黒エネルギー）が存在する可能性が高いことがわかり、やはりドジッター宇宙が注目されている。

　ドジッター宇宙の不変量はいろいろな形に書くことができる。いいかえると、いろいろな座標系を使って表現できる。宇宙の加速膨張を記述するには、

$$ds^2 = -dt^2 + R^2 \exp\left(2\sqrt{\frac{\Lambda}{3}}t\right)[dr^2 + r^2(d\theta^2 + \sin^2\theta d\phi^2)]$$

という形が使われる。これは、原点からの距離rと2つの角度θ, ϕであらわす極座標だ。Λはギリシア語のラムダ

で、「宇宙定数」と呼ばれている。宇宙定数Λは「宇宙の膨張しやすさ」を決める。また、Rは時間$t=0$のときの宇宙の大きさをあらわす。指数関数があることからわかるように、ドジッター宇宙は、時間とともに指数関数的に膨張する。この不変量は、変数変換すると、幾何学的に単純に解釈することができる。

まず、5次元の平坦なミンコフスキー時空を考える。

$$ds^2 = -dT^2 + dX^2 + dY^2 + dZ^2 + dW^2$$

ここで大文字のTからZを使ったが、別に小文字を用いてもかまわない。ただ、上に出てきた極座標での時間tと同じtを用いると混乱するので、便宜上、大文字にしただけである。また、4番目の空間座標であるWが登場していることに注意。

この不変量は、計量が(-1, $+1$, $+1$, $+1$, $+1$)と定数なので、時空は「平坦」であることがわかる(もし時空が曲がっていたら、この計量が座標の関数になり、場所や時間によってモノサシが変わってくる)。

この5次元ミンコフスキー時空の中に半径$\sqrt{\dfrac{3}{\Lambda}}$の「球面」を考える。ただし、時間方向の符号がマイナスなので、正確には「擬球面」と言う。

$$-T^2 + X^2 + Y^2 + Z^2 + W^2 = \frac{3}{\Lambda}$$

これは、空間座標のXからZまでだけなら、通常の球面の方程式とみなすことができる。だが、余分な空間座標の

Wがあるので,4次元空間における3次元球面ということになる。それはもはや「面」ではないのだが……。また,時間座標のTとXに注目すると,これは双曲線のグラフになる。さらにW方向も考えると双曲面……真ん中がくびれた「鼓」を思い浮かべていただければよい。

面白いことに,ドジッター宇宙は,この擬球面なのである。実際,

$$T = \sqrt{\frac{3}{\Lambda}}\sinh\left(\sqrt{\frac{\Lambda}{3}}t\right) + \frac{1}{2}\sqrt{\frac{3}{\Lambda}}\exp\left(\sqrt{\frac{\Lambda}{3}}t\right)R^2r^2$$

$$X = \exp\left(\sqrt{\frac{\Lambda}{3}}t\right)Rr\sin\theta\cos\phi$$

$$Y = \exp\left(\sqrt{\frac{\Lambda}{3}}t\right)Rr\sin\theta\sin\phi$$

$$Z = \exp\left(\sqrt{\frac{\Lambda}{3}}t\right)Rr\cos\theta$$

$$W = \sqrt{\frac{3}{\Lambda}}\cosh\left(\sqrt{\frac{\Lambda}{3}}t\right) - \frac{1}{2}\sqrt{\frac{3}{\Lambda}}\exp\left(\sqrt{\frac{\Lambda}{3}}t\right)R^2r^2$$

という対応関係がつく。

実際に宇宙の中にいて,「ああ,宇宙が加速度的に膨張しているんだなぁ」と感じている天文学者は指数関数の入った極座標で宇宙を観測するのだろうが,宇宙全体を「外から見渡す視点」からは,平らな5次元ミンコフスキー時空の中の半径$\sqrt{\frac{3}{\Lambda}}$の擬球面にすぎないのだ。

この「ドジッター宇宙」は,実際の時空モデルだが,スナイダーは,自らの時空モデルの構築に際して,時空では

第3章　二重相対論（あるいは量子重力への前哨）

なく「運動量空間」がドジッター空間になっていると仮定した。つまり、ドジッターが考えた宇宙そのものではなく、その数学的な性質だけ借用してきたのである。

ここでは、とにかく、加速膨張するドジッター宇宙という解釈は忘れて、ドジッター空間の数学的な性質が、5次元ミンコフスキー空間の中の擬球面であることだけ押さえてほしい。次に、スナイダーが、そのドジッター空間を（時空ではなく）運動量空間にあてはめたことを理解していただきたい。

スナイダーの論文では、

$$-T^2 + X^2 + Y^2 + Z^2 + W^2 = \frac{3}{\Lambda}$$

という変数ではなく、

$$-\eta_0^2 + \eta_1^2 + \eta_2^2 + \eta_3^2 + \eta_4^2 = \eta^2$$

という変数が使われている。

0から4までのη（ギリシア文字の「イータ」）座標は平らな5次元ミンコフスキー空間の座標であり、その中に半径ηの4次元擬球面を考え、その「球面上の4つの座標」をp_tからp_zとおくのだ。具体的には、

$$p_x = \frac{\hbar}{a}\frac{\eta_1}{\eta_4}, \quad p_z = \frac{\hbar}{a}\frac{\eta_3}{\eta_4},$$

$$p_y = \frac{\hbar}{a}\frac{\eta_2}{\eta_4}, \quad p_t = \frac{\hbar c}{a}\frac{\eta_0}{\eta_4}.$$

という次第。

学校では「空間」というと x, y, z の空間しか教えてくれないが、数学や物理では、それをどんどん一般化していって、運動量の空間も考えるし、量子のベクトル（＝ケット）の空間だって考える。運動量空間の場合、ようするに座標軸が t, x, y, z の代わりに E, p_x, p_y, p_z になるだけである。運動量空間のある1点は、たとえば今考えている素粒子のエネルギーや運動量の状態をあらわしている。

で、気になる時空演算子 t, x, y, z の具体的な形だが、次のようになる。

$$\left.\begin{aligned}x &= ia\left(\eta_4\frac{\partial}{\partial \eta_1} - \eta_1\frac{\partial}{\partial \eta_4}\right), \\ y &= ia\left(\eta_4\frac{\partial}{\partial \eta_2} - \eta_2\frac{\partial}{\partial \eta_4}\right), \\ z &= ia\left(\eta_4\frac{\partial}{\partial \eta_3} - \eta_3\frac{\partial}{\partial \eta_4}\right), \\ t &= \frac{ia}{c}\left(\eta_4\frac{\partial}{\partial \eta_0} + \eta_0\frac{\partial}{\partial \eta_4}\right),\end{aligned}\right\} \quad ③$$

うん？　いったいこれは何だろう？

通常の角運動量の量子力学では、たとえば、

$$[L_x, L_y] = L_x L_y - L_y L_x = i\hbar L_z$$

という交換関係を実現するために、

第3章 二重相対論（あるいは量子重力への前哨）

$$L_x = yp_z - zp_y = -i\hbar\left(y\frac{\partial}{\partial z} - z\frac{\partial}{\partial y}\right) \quad ④$$

という具体形を使う（$\frac{\partial}{\partial z}$は偏微分といって、この場合は$y$を定数とみなして$z$で微分するという意味）。ここで、前章のコラム（123ページ）でご紹介した、運動量の微分形の表示、

$$p_z = -i\hbar\frac{\partial}{\partial z}$$

を使った。で、前章のコラムでやったように、角運動量演算子がxやyやzの関数に演算すると考えると、このような具体形が交換関係を満足することも確認できるわけだ。

混乱してしまいそうな読者のために補足しておくと、角運動量みたいにxとyとzが「からみあって」いる場合、

$$z \quad \curvearrowright \quad x$$
$$\curvearrowleft \quad y$$

という形で循環（サイクリック）する図をイメージしてみてください。たとえば、L_xの形を憶えるときには、添え字にも注目して、「まずx、次がy、そしてz」として「$L_x=yp_z$」の部分を憶え、次には「マイナス符号が来てるから順番が逆になって」と唱え、「$-zp_y$」を憶えればいい。教科書によっては、L_xのことをL_{yz}と書く場合もあり、それは「y-z平面での回転」を意味する。y-z平面に垂直なx軸をイメージすればL_xと書くほうがわかりやすいが、回転平

141

面をイメージするのであればL_{yz}と書くほうがわかりやすいだろう。

　話が長引いたが、ようするに、スナイダーが書いているxの具体形を見ると（③式）、まさに角運動量の格好（④式）をしていることに気がつく。実際、xは5次元ミンコフスキー空間の「4-1平面の角運動量」（η_4とη_1）だし、yは「4-2平面の角運動量」（η_4とη_2）だし、zは「4-3平面の角運動量」（η_4とη_3）にほかならない。

　そして、ふつうの角運動量の演算子が飛び飛びのデジタルな値をもつのと同様にして、スナイダーの演算子 x, y, z もプランク長さaの整数倍の値をもつことがわかる。

　ただし、時間tだけは、真ん中の符号がプラスになっているせいで、飛び飛びのデジタルにはならず、連続的な値をとる。これは「4-0方向の回転」といいたいところだが、符号がちがうので、ふつうの回転とはみなせない。だが、実をいえば、時間方向がからむローレンツ変換は、数学的には「広義の回転」とみなすことが可能なのだ。第1章に出てきたミンコフスキー図では、ローレンツ変換により、t軸とx軸が「別々の方向に回転」していたではないか！（この話に興味がある方は、恐縮だが、参考書の『次元の秘密』35〜38ページをご覧ください）

　いずれにせよ、スナイダーの量子時空では、空間が離散的になり、しかも量子的な不確定性ももっているのである！

　うーん、それにしても、ここで問題は、なぜ、5次元ミンコフスキー時空の中の半径一定の「（擬）球面」が必要

なのか，という点だろう。球面というからには曲がっているわけだ。なぜ，スナイダー時空では，運動量空間が曲がっている「必要」があるのだ？

この問題は，次の節でスナイダー時空の発展形である二重相対論の論文を読み進めるうちに理解できるようになる。

以上がスナイダー理論のエッセンスである（駆け足で申し訳なかったが，これ以上，数学に深入りしてしまうと収拾がつかなくなるので，物理的な「意味」の説明にとどめました。あしからず）。

不運なことに，スナイダーの量子時空は，半世紀以上も，ほとんど研究が進まなかった。別に理論の矛盾が発見されたり，実験との不一致がみつかったわけではない。だが，くりこみ理論により，量子電磁力学の当面の問題が解決されてしまったせいもあり，どうやら当時の物理学者の多くが時空の量子化という難問に本気で取り組む気を失ったようなのだ。あるいは，スナイダーの量子時空は，なまじ量子重力とつながっていたために，計算も難しく，キャリアを賭けて挑戦しようという物理学者がいなかったのかもしれない。

よくノーベル賞級の研究という言い方があるが，スナイダーの理論は，数十年で結果の出るノーベル賞級の研究のはるか上を行くものだったのかもしれない。だから，論文が発表されて半世紀以上たって，ようやく世界の物理学者たちが追いついてきた感がある。

完全な量子重力理論が不在の今，特殊相対性理論という

（比較的）平易な理論から、いきなり量子重力理論の核心に斬り込むことのできるスナイダーの量子時空は、改めて脚光を浴びている。

スナイダー理論のローレンツ不変性

スナイダー理論のローレンツ不変性は「肝」の部分なので、少し詳しく説明しておこう。2次式

$$\eta^2 = -\eta_0^2 + \eta_1^2 + \eta_2^2 + \eta_3^2 + \eta_4^2$$

と η_4 を不変に保つ変換は、変数 $\eta_0, \eta_1, \eta_2, \eta_3$ に関するローレンツ変換になる（そもそもローレンツ変換とは、このような2次式を不変に保つ変換、と定義される！）。

そのローレンツ変換後の変数 $\eta'_0, \eta'_1, \eta'_2, \eta'_3, \eta_4$ を（後で140ページに出てきた）式③に代入すると、変数 x, y, z, t もローレンツ変換を受けることがわかるのだ。微分の記号が入ってくるので「本当なのか」と思われる読者もいるだろう。計算で確かめておこう。

まず、変数 η の世界でのローレンツ変換を次のように書く。

$$\eta_0 = \frac{\eta'_0 - v\eta'_1}{\sqrt{1-v^2}}$$

$$\eta_1 = \frac{\eta'_1 - v\eta'_0}{\sqrt{1-v^2}}$$

これを使って、η'_1 での微分がどうなるかを計算して

みる(ダッシュとvの符号を変えた逆変換も必要になる)。ローレンツ変換では,便宜上,η'_1はη_1とη_0の「関数」と考える。

$$\frac{\partial}{\partial \eta'_1} = \frac{\partial \eta_1}{\partial \eta'_1}\frac{\partial}{\partial \eta_1} + \frac{\partial \eta_0}{\partial \eta'_1}\frac{\partial}{\partial \eta_0}$$
$$= \frac{1}{\sqrt{1-v^2}}\frac{\partial}{\partial \eta_1} + \frac{-v}{\sqrt{1-v^2}}\frac{\partial}{\partial \eta_0}$$

つまり,ダッシュのついたη'_1での微分は,η_1への依存性とη_0への依存性を考慮する必要があるのだ。これを使って,スナイダーによる定義でx'を計算してみよう(iaの因子を省略する)。

$$\begin{aligned}x' &\equiv \eta_4 \frac{\partial}{\partial \eta'_1} - \eta'_1 \frac{\partial}{\partial \eta_4}\\ &= \eta_4\left(\frac{1}{\sqrt{1-v^2}}\frac{\partial}{\partial \eta_1} + \frac{-v}{\sqrt{1-v^2}}\frac{\partial}{\partial \eta_0}\right) - \frac{\eta_1 + v\eta_0}{\sqrt{1-v^2}}\frac{\partial}{\partial \eta_4}\\ &= \frac{1}{\sqrt{1-v^2}}\left(\eta_4\frac{\partial}{\partial \eta_1} - \eta_1\frac{\partial}{\partial \eta_4}\right) - \frac{v}{\sqrt{1-v^2}}\left(\eta_4\frac{\partial}{\partial \eta_0} + \eta_0\frac{\partial}{\partial \eta_4}\right)\\ &= \frac{x-vt}{\sqrt{1-v^2}}\end{aligned}$$

となって,たしかに運動量空間の変数ηのローレンツ変換は,時空におけるローレンツ変換にもなっている。t'についても計算を確かめていただければと思う。もちろん,こんなに計算がうまくいくのは,スナイダーが選ん

だうまい時空量子化の定義による。

このようにして、運動量空間が曲がったドジッター空間だとして、その中で量子論的な角運動量を定義し、それが「時空」だと考えると、時空は量子化され、なおかつ、ドジッター空間の性質から自動的に時空のローレンツ不変性も保証されるのである。

(物理学徒のための注:変数ηのローレンツ変換で、vの符号が通常とは逆である点を訝しく思った読者のために補足しておくと、時空の変換は「共変」と言い、運動量ηの変換は「反変」と言って、教科書では、0, 1, 2 …といった添え字の上下を区別して書く。その違いがvの符号の違いとなってあらわれている)

数学の例で「くりこみ」を理解する

簡単な数学の関数で無限大の理由とその対処法を理解してみよう。まずは次のような無限級数をご覧いただきたい。

$$f(x) = 1 + x + x^2 + \cdots$$

$x=2$のときは、これは明らかに発散する。誰が考えても、和は無限大ですよね? でも、この無限大は、次のように考えると、くりこむことができる。

くりこみのアイディア:

$x=2$は、もとの無限級数の定義域をはみ出していた

から無限大になっただけ
　　⟹もっと定義域の広い関数形を探せば有限の値になるにちがいない！

今の場合，

$$f(x) = 1 + x + x^2 + \cdots$$
$$= 1 + x(1 + x + x^2 + \cdots)$$
$$= 1 + xf(x)$$

となるので，

$$f(x) = \frac{1}{1-x}$$

と書くことができる。この形であれば，$x=2$ のとき，

$$f(2) = -1$$

となって有限の値になる！

グラフで説明するならば，$1+x+x^2+\cdots$ と $\frac{1}{1-x}$ をそれぞれ破線と実線であらわして，次のページの図のようになる（図3-2）。

つまり，破線の $1+x+x^2+\cdots$ が有限のまともな値に収束するのは x が -1 から 1 の間であり，そこからはみ出ると無限大になってしまって使えなくなるのだ。それに対して，$\frac{1}{1-x}$ のほうは，$x=1$ を除いて有限の値になる。

くりこみ前は，$1+x+x^2+\cdots$ という形しか知らなか

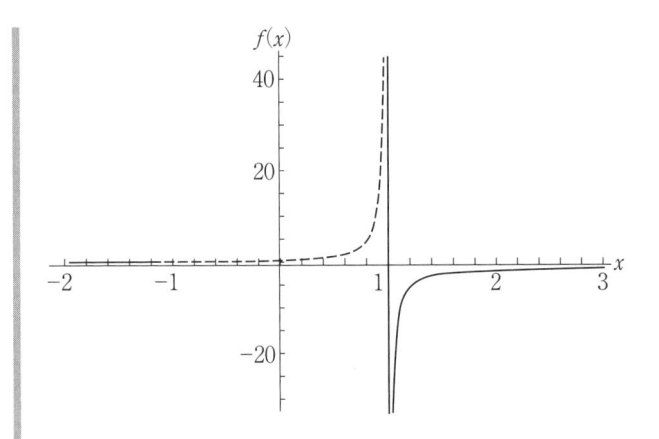

図3-2 $x=1$以外は収束する！

ったので，適用範囲を逸脱して $x=2$ を代入したから無限大になってしまった。くりこんだ後は，$\dfrac{1}{1-x}$ という形を使うから，$x=2$ を代入しても問題ない。

実際に物理学の場の理論や超ひも理論などに出てくる関数でいえば，

$$\zeta(s) = \sum_{n=1}^{\infty} \frac{1}{n^s} = \frac{1}{1^s} + \frac{1}{2^s} + \frac{1}{3^s} + \cdots$$

というゼータ関数が有名だ。この場合も，たとえば $s=-1$ とすると発散してしまうが，うまくくりこんで（＝もっとうまい関数形をみつけて）やれば，

$$\zeta(-1) = -\frac{1}{12}$$

第3章 二重相対論（あるいは量子重力への前哨）

となることが知られている。

まるで知的な手品みたいだが，以上がくりこみ理論のエッセンスなのである。

■真の量子重力理論を「垣間見る」ために

ここからは「量子重力理論の実効的平坦極限としての変形特殊相対論」(Deformed Special Relativity as an effective flat limit of quantum gravity) というやたら難しい名前の専門論文と「冬の学校」の講義録「二重相対論入門」(Introduction to Doubly Special Relativity) を読み進んでみよう（以下，引用は「極限」と「入門」と略記）。

いきなり引用を連発するが，じっくりと意味を味わいながら読んでいただきたい。

☆DSRは（真の）量子重力理論の実質的に平らな（低エネルギー）極限とみなすことができる。（「極限」）

☆プランク・スケールに近いスケールにおいて，特殊相対論から離れ始めるものの，相対論の核心となるメッセージはそのまま保たれる：すなわち，すべての（慣性系の）観測者が同等であること。（「入門」）

☆観測者によらないスケールが2つ存在する：1つは光速度c，そして2つ目はプランク重さκ（もしくはプランク長さ$a : a = \kappa^{-1}$）だ。（「入門」）

☆不変長さ（＝最小長さと仮定）の登場にともなう基本的な問題は相対論におけるローレンツ収縮である。ブーストにより古典的な物差しの長さは変わるのだ。このスケールを不変に保ちたいなら，ブーストの作用を変形するのが自然だ。それにはパラメータκを用いる（＝プランク長さの逆数に$\hbar$を掛けたもの）。ただし，回転は変形しないでいい。（「極限」）

　前にも出てきたが，「ブースト」は「ローレンツ変換により，(t, x, y, z)から(t', x', y', z')という別の座標に移ること」を意味する。

「二重相対論」は「変形相対論」とも呼ばれるが，英語の略はともに「DSR」になる。DSRは真の量子重力理論の近似であり，また，プランク長さa（もしくはプランク重さκ）あたりで通常の特殊相対論からの乖離が顕著になり始める。その乖離こそが量子重力の影響なのだ。

　二重相対論の「二重」もしくは「変形」は，通常の特殊相対論の絶対基準である光速度cのほかに第2の絶対基準であるプランク重さ（あるいはプランク長さ）が入ってくることを意味する。それでも，相対論の精神は堅持される。すなわち，重力や加速度を感じない「慣性座標系」どうしの相対性である。第1章の例でいえば，「あなた」と「相手」はともに力を感じていない慣性系どうしなので，どちらが正しいということはなく，相対的であり平等に扱われるのである。

　ちょっと待った！　なにか変じゃありませんか？　プラ

ンク長さ付近で量子重力理論の効果が出て来るんでしょ？ だとしたら，重力を感じない慣性系って矛盾していますよね？ いったいどうなってんの？

そんな読者の文句が聞こえてきそうだが，

$$量子重力理論 \rightarrow 二重相対論$$

の関係は，二重相対論が「$1+α$」という近似のイメージで，真の量子重力理論の，重力がプランク重さ$κ$と比べてほとんどゼロに近い（$α→0$だけれどもゼロそのものではない！）極限なのだ。

ボクたちは真の量子重力理論を知らない。なぜなら，まだ完成していないからだ。でも，二重相対論の「$1+α$」という近似から，真の量子重力理論の姿を垣間見ることは可能だ。この$α$こそが，量子重力理論の「痕跡」なのだ。そういう意味で，二重相対論は，量子重力理論のとてもよい「入門」になる。

☆相対性原理と観測者に依存しない長さもしくは質量のスケールとの両立はどうして可能なのだろうか？ それは可能であることが判明するのだが，その代償はきわめて大きい。なにしろ，時空は非可換幾何学で記述しないといけなくなりそうなのだ。(「入門」)

代償かそうでないかは見方によるだろうが，特殊相対論にプランク長さ（もしくはその逆数の質量）という新たなスケールを導入すると，時空が非可換になる。言いかえる

と t, x, y, z の間に交換関係が課されるのだ。

☆極限操作において,重力相互作用と量子効果が無視できるほど弱くなり,時空が実効的に(少なくとも局所的には)平らになっても,これらの定数の痕跡はいくらか残り,観測者に依存しない新たなスケールκが生まれる。(「入門」)

$$\lim_{G,\,\hbar \to 0}\sqrt{\frac{\hbar}{G}} = \kappa \neq 0$$

これで少し意味がはっきりしてきた。重力定数Gとディラック定数$\hbar$がともにゼロに近づいたとしても,その「比」はゼロになるとは限らず,むしろプランク重さκへと近づくのである。(上の数式では $c=1$ と置いていることに注意!)

なお,ここに出てきたシナリオのほかに重力定数Gと宇宙定数Λがゼロに近づくと,その比の平方根がプランク長さに近づく,という可能性もある(宇宙定数は,いわば万有斥力のようなものであり,真空のエネルギーを指す。今では宇宙定数もしくはそれに近いものが実在しており,そのせいで宇宙が加速膨張していることも観測から判明している)。

自然単位系

第1章で簡単にご紹介した自然単位系をもう少し解説しておこう。自然単位系では,長さと重さは逆数の関係

第3章 二重相対論（あるいは量子重力への前哨）

になる。なぜなら、まじめにMKS単位系でプランク重さを計算すると、

$$\kappa = \sqrt{\frac{c\hbar}{G}} \approx 2.17 \times 10^{-8} \mathrm{kg}$$

となり、プランク長さは、

$$a = \sqrt{\frac{\hbar G}{c^3}} \approx 1.62 \times 10^{-35} \mathrm{m}$$

となるが、自然単位系では、それぞれ

$$\kappa = \sqrt{\frac{1}{G}}$$

$$a = \sqrt{G}$$

だからだ。これは明らかに逆数の関係である。（さらにGも1とおいた幾何学単位系では、プランク長さとプランク重さは同じになる！）

興味のある読者は1章に出てきたcや$\hbar$やGの数値を使ってプランク重さやプランク長さを計算してみてください（ただし、$\mathrm{J} = \dfrac{\mathrm{kg m}^2}{\mathrm{s}^2}$であることを使うこと）。

■どちらが曲がっているのか

ところでDSRにはいくつもの種類がある。すでにご紹介したスナイダー理論もDSRの一つだが、他にDSR1とDSR2がある。まず、スナイダー理論の交換関係で、まだご紹介していなかったものをあげてみる。それからDSR1

とDSR2の交換関係を書いてみる。そうしないと,いきなり抽象的な数式の嵐に飛び込んだ感じがして,読者の混乱を招く恐れが大きいからである。

スナイダー理論の角運動量とブーストは,

$$L_x = i\hbar \left(\eta_3 \frac{\partial}{\partial \eta_2} - \eta_2 \frac{\partial}{\partial \eta_3} \right),$$

$$L_y = i\hbar \left(\eta_1 \frac{\partial}{\partial \eta_3} - \eta_3 \frac{\partial}{\partial \eta_1} \right),$$

$$L_z = i\hbar \left(\eta_2 \frac{\partial}{\partial \eta_1} - \eta_1 \frac{\partial}{\partial \eta_2} \right),$$

$$M_x = i\hbar \left(\eta_0 \frac{\partial}{\partial \eta_1} + \eta_1 \frac{\partial}{\partial \eta_0} \right),$$

$$M_y = i\hbar \left(\eta_0 \frac{\partial}{\partial \eta_2} + \eta_2 \frac{\partial}{\partial \eta_0} \right),$$

$$M_z = i\hbar \left(\eta_0 \frac{\partial}{\partial \eta_3} + \eta_3 \frac{\partial}{\partial \eta_0} \right),$$

という具体形であらわされる。そして,これらの間にも交換関係が存在する。たとえば,先ほど述べたように

$$[L_x, L_y] = L_x L_y - L_y L_x = i\hbar L_z$$

あるいは,

$$[M_x, M_y] = M_x M_y - M_y M_x = -i\hbar L_z$$

といった具合である。(物理学徒のための注:正確には,この角運動量とブーストは「無限小」の角運動量とブース

第3章 二重相対論(あるいは量子重力への前哨)

トである)

さて、これを踏まえた上で、DSR1の対称性の代数をご紹介しよう。

$$[L_i, L_j] = i\varepsilon_{ijk}L_k, \quad [L_i, M_j] = i\varepsilon_{ijk}M_k,$$
$$[M_i, M_j] = -i\varepsilon_{ijk}L_k,$$
$$[L_i, p_j] = i\varepsilon_{ijk}p_k, \quad [L_i, p_0] = 0$$
$$[M_i, p_j] = i\delta_{ij}\left(\frac{\kappa}{2}\left(1 - e^{-\frac{2p_0}{\kappa}}\right) + \frac{1}{2\kappa}\vec{p}^2\right) - i\frac{1}{\kappa}p_i p_j$$
$$[M_i, p_0] = ip_i$$

(式15-18「入門」)

先ほどのスナイダーと同様、ここではLは角運動量、Mはブーストをあらわす(読者の便を考え、LとMの記号はスナイダーの論文の記号に統一しました)。

ここで、添え字の x, y, z の代わりに i, j, k となっていて、ε_{ijk}という記号(「レヴィ=チヴィタ記号」、「エディントンのエプシロン」などと呼ばれている)が登場したが、その意味は、

$$\varepsilon_{ijk} = \begin{cases} 1 & (i,j,k)=(x,y,z),\ (y,z,x),\ (z,x,y)のとき \\ -1 & (i,j,k)=(x,z,y),\ (z,y,x),\ (y,x,z)のとき \\ 0 & その他のとき \end{cases}$$

である。具体的に $(i, j, k) = (x, y, z)$ などと入れて確

認すれば，ようするに省略記法であることがおわかりいただけるだろう。このエディントンのエプシロンは，添え字が循環（サイクリック）することをあらわす数学記法なのだ。

また，p_0はスナイダーのp_t（すなわちエネルギー）に相当する。κはプランク重さで，スナイダーのプランク長さaの逆数に相当する。δ_{ij}は「クロネッカーのデルタ」で，

$$\delta_{ij} = \begin{cases} 1 & (i = j) \\ 0 & (i \neq j) \end{cases}$$

である。

一方，DSR2の代数は次のようになっている。

$$[M_i,\ p_j] = i\left(\delta_{ij} p_0 - \frac{1}{\kappa} p_i p_j\right),$$
$$[M_i,\ p_0] = i\left(1 - \frac{p_0}{\kappa}\right) p_i.$$

（式20-21「入門」）

ここにあげたDSR1とDSR2の数式はちょっと奇妙だ。なぜなら，エネルギーp_0や運動量p_jは入ってきているが，肝心の「時空」（tやxなど）がどこにもないのだ。不思議な感じがするが，それはDSRの歴史的な経緯が関係している。

第3章 二重相対論（あるいは量子重力への前哨）

☆DSRは少々変わった方法で定式化された。まずエネルギー・運動量空間から始まり、その後、時空の構築という問題が考慮された。(「入門」)

　エネルギー・運動量空間からどうやって時空をつくっていくのかは、ここでは深入りしないが、結果だけ書くと、たとえばDSR1では、時空の交換関係は、

$$[x_0, \ x_i] \equiv x_0 x_i - x_i x_0 = -\frac{i}{\kappa} x_i$$
$$[p_0, \ x_0] = i, \ [p_i, \ x_j] = -i\delta_{ij}$$
$$[p_i, \ x_0] = -\frac{i}{\kappa} p_i.$$

(式36-38「入門」)

になる。ただし、x_0は時間tのことである。

　このように、特殊相対論に第2の基準であるプランク長さ（もしくはその逆数のプランク重さ）を導入するにしても、さまざまな方法が存在する。いったい、自然界に存在する時空量子化は、このうちのどれなのだろう？　今のところ、どのような時空量子化が「リアル」なものなのか、詳しいことはわかっていない。

　ここでスナイダー理論を思い出してみると、時空の交換関係を保証するドジッター空間がどこから出てきたのか不思議だったが、あのドジッター空間は、どうやら時空の交換関係よりも先にあったらしい。スナイダーは、運動量空

間が曲がっていてドジッター空間になっていることから出発して、後から時空を構築したのかもしれない。だとしたら、それはDSR1やDSR2の研究者たちが辿った道と同じだ。

しかし、いまだに「なぜ運動量空間が曲がっている必要があるのか？」という疑問が氷解しない。数学に詳しい人であれば、一発でわかることでも、物理的な意味から追っていくと、まだ意味が不明といわざるをえない。

ここで論文「極限」から図を引用してみよう（図3-3）。

エネルギーと運動量が棲むドジッター空間は、その半径がκであり、曲がっている（スナイダーの論文では半径はηという記号だった）。その曲がった空間のある一点、つまりあるエネルギーと運動量に対応して、その点の接平面を考えると、そこに時間と位置が棲んでいるというのである（図3-3右）。

「極限」には、もう一つ別の図が載っている。よく見ると、さきほどの図とは逆になっている。さきほどは時空が

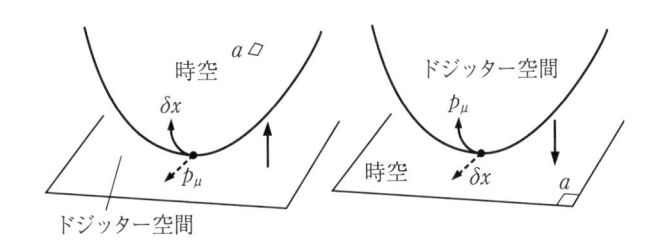

図3-3　時空とドジッター空間の関係

平らでエネルギー・運動量の空間が曲がっていたが，今度の図は，時空が曲がっていて，エネルギー・運動量の空間が平らになっている（図3-3左　物理学徒のための注：δxはxの微小変化——変分——をあらわす）。

ようするに，時空とエネルギー・運動量の関係は，どちらかが曲がっていて，もう一方は平ら（かつ測定限界がある）ならばかまわないのだ。

測定限界があるというのは，プランク長さaのような最小長さがあるという意味だ。プランク長さが測定限界というのは，ようするに不確定性により測定精度に限界があるということだ。不確定性は交換関係にほかならない。だから，まとめると，

　　平らで交換しない時空
　　　　⇔ 曲がったエネルギー・運動量空間

もしくはその逆で，

　　曲がった時空
　　　　⇔ 平らで交換しないエネルギー・運動量空間

という可能性があり，この2つは数学的に同等なのである（もちろん，2つの見方を行き来するには，きちんとパラメータの対応関係を考える必要がある）。なお，すでに述べたが，「交換しない」という言葉は「非可換」とも言うことがあるので注意。

運動量空間が曲がっている必要について，ずっと考えてきたが，どうやら，逆にふつうの時空のほうが曲がってい

てもかまわないような雰囲気になってきた。いま少し，この線で論文を追ってみよう。

■平らで交換しないと曲がっている？

次の引用は少し長くなるが，「平ら＋交換関係 ⇔ 曲がっている」という上記の対応関係をうまく説明しているので，少し辛抱して読んでいただきたい。

☆等価原理によれば時空は局所的には平らだ。その意味は，観測者はある点xを平らとみなすことができるが，点xの周囲ではすでに平らな計量からのズレが見えるということ。ここでの出発点は観測者が点xの（充分に大きな）近所まで時空が平らだと仮定していることだ。その場合，観測者は物理学を記述する際にどうやって平らな計量からのズレを考慮できるだろう？　この拡張された平坦仮説は，有限の解像度$a \neq 0$（aはプランク長さ）をもつ観測者にとっては自然なものだ。なぜなら，もはや点について語ることに意味などないから。(「極限」)

ぜいぜいぜい。なんだかやけに難しい気がするが，等価原理とか，局所的に平らということの意味は第4章の補足説明をお読みいただきたい（171ページ）。また，数学では「近所」ではなく「近傍」（neighborhood）という言葉をつかうが，あえて柔らかく（？）訳してみた。

で，引用はまだ続きます（汗）。

☆さらに進んでこのような状況下での粒子の動きを見てみよう。粒子の位置の最小変化δxを考えるとき，観測者の解像度がaに制限されているせいで，もはや微分幾何学の無限小解析を使うことはできない。したがってδxは無限小と見なすことはできず，有限の大きさをもち，もともとの曲がった空間Mにおける，実際の小さな位置の差と考える必要がある。すなわち，時空はいまや平坦な時空$\mathcal{M}$と仮定されるが，観測者は依然として曲がった時空を探る小さな座標変化を考えている。(「極限」)

「微分幾何学の無限小解析」とは恐れ入ったが，ぶっちゃけた話，「曲がった曲面上での微分」という意味にすぎない。うーん，時空は曲がっているのか平らなのか，ハッキリしろい！という感じで苛々するが，引用はあと少しである。もうちょっとだけ，お付き合いいただきたい。

☆さて，平坦な時空はそれに接する運動量空間と同等だ。言いかえると，平坦な時空はその接空間（すなわち運動量空間）とトリヴィアルに同型（isomorphic）なのだ。なぜなら，ここに登場するすべての空間はミンコフスキー計量を伴うR4でモデル化できるからだ。ということは，座標の変化はトリヴィアルに運動量により生成される。すなわち $\delta x \propto p_\mu \tau$ である。ここでτは(無次元の)変化の大きさ。δxに曲がった計量があるということは，自然と同じ曲がった計量が（定数倍の差はあるにせよ）運動量空間にも存在する，ということだ。つまり，有限の解像度をもつ観測

者は，平らな時空を扱っていたのに，[いつのまにか] ドジッター運動量空間を扱っていることになる。(「極限」)

「トリヴィアル」(trivial) は「自明」と訳されるが，「そもそもの定義からして」というような意味である。数学用語では「変化」は本当は「変分」(variation) とすべきかもしれないが，やはり柔らかく訳してみた。あしからず。

　なんのことはない，時空も運動量空間もともにミンコフスキー計量をもつR4であらわされるから，片方が曲がっていれば，もう片方も曲がっている，というだけの話。R4は4つの実数の組 (a, b, c, d) であらわされる数の空間を指す (第4章で補足します。180ページ参照)。

　ただ，時空を調べるときに最小長さ，すなわち解像度の限界があるため，時空の曲がり具合は見逃されて「平ら」と見なされ，また，「交換関係」が存在する。

　図式的にまとめると，時空を調べる際に最小長さ（解像度）という縛りがあると，

ちょっぴり曲がった時空（＝平らで交換関係のある時空）
　　　⇔ 曲がったエネルギー・運動量空間

という関係がなりたつのだ。最初の「ちょっぴり曲がった」というのは，真の量子重力が存在するとして，その重力が弱い近似の二重相対論という意味だ。

　結論として，プランク長さという解像度を導入した二重相対論においては，時空は平らだが交換関係が存在し，なおかつ運動量空間は曲がっている「ように見える」ことに

なる。これで「なぜ運動量空間が曲がっている必要があるのか？」という疑問に対する答えがわかった。

そもそも量子重力理論では，時空そのものがプランク長さのレベルで曲がっている。しかし，その近似である二重相対論では，曲がり具合がほんのちょっとの場合しか扱えない。で，時空と運動量空間が「同型」である以上，片方が曲がっていれば，もう片方も必然的に曲がらざるをえない。しかし，われわれは「ちょっぴり曲がっている」時空に棲んでいることがわからない。観測精度に限界があって，あたかも「平坦」であるかのように見えてしまうからだ。しかし，座標が量子化されて交換しないことは観測でわかるのである。

こうやって考えると，二重相対論やスナイダーの量子時空は，「大いに曲がった量子重力理論の近似」であり，「ちょっぴり曲がっているのにそれが見えず，交換関係が存在するように見えてしまう」ような時空のことなのだ。

■スナイダー理論と二重相対性理論の関係

ようやくスナイダー理論と二重相対論の関係に入ることができる。

すでにご紹介したが，スナイダー理論は二重相対性理論の「一部」だということがわかっている。もちろん，歴史的な経緯を考慮するならば，むしろ二重相対論がスナイダーの量子時空の発展形だと言ったほうが適切かもしれない。

☆運動量空間のドジッター構造から,ローレンツ生成子と運動量(並進)の交換関係と時空座標の交換関係を導くことができる。その一つの帰結として座標が非可換になる。ここで代数レベルでは,何を時空座標と呼べばいいのか,あいまいさが生まれる。なぜなら,数学的な整合性を損なわずに基底を変えることが可能だからだ。いいかえると,座標の選択に優先順位はない(もっと正確にいうと,われわれはまだどの座標を選べばいいのか,確固たる物理的な動機をもっていない)。(中略)自然な選択はスナイダーの基底である。

$$[x_\mu,\ x_\nu] = -\frac{i\hbar^2}{\kappa^2}L_{\mu\nu} = -ia^2 L_{\mu\nu} \qquad (式10)$$

(中略)ここから出てくる不確定性関係は,

$$\delta x_\mu \delta x_\nu = a^2 \langle L_{\mu\nu} \rangle$$

となり,$\delta x \sim a$である。これは時空座標について有限の解像度a(プランク長さ)がある,という出発点と整合的である。(「極限」)

ここに出てきた$L_{\mu\nu}$は,たとえば$L_{xy}=L_z$のことである。前にも出てきたが,z軸方向の角運動量は,x-y平面の回転だからである。

スナイダー自身は,ローレンツ不変性を損なわずに時空を量子化することが目的だったから(xが取ることのできる値が量子化によりデジタルになったとはいえ),ds^2とい

う不変量が保たれていることに満足していたように見受けられる。

それに対して、二重相対論を研究している人々は、あくまでも「特殊相対性理論にプランク長さという第二のスケールを導入したらどうなるのか？ そこから見えてくる量子重力理論の真の姿はどうなるのか？」といったことがらを見据えているようだ。

たとえば量子論が発見されたとき、シュレディンガーは波動方程式を唱え、ハイゼンベルクは行列力学を唱えたが、結局は両者とも同じ理論の別の側面を見ていたことが判明した。それと同じように、スナイダーの初期の研究は二重相対論の一面であり、最近の発展によりその全貌が明らかになりつつある。

それにしても、半世紀以上も前に二重相対論を単独で発見してしまっていたスナイダーの眼力には恐れ入る。くりこみ理論により、当面の課題であった電磁量子力学の無限大の問題が解決されてしまったせいで、二重相対論から（真の）量子重力理論につながる研究の流れがストップしてしまったことは、物理学全体の発展という観点からすれば、きわめて残念なことだったように思う。

■まとめ

この章にはたくさん数式が登場し、申し訳なかった。読者を混乱させたかもしれないが、ポイントは、特殊相対論に新たな絶対基準としてプランク重さ（もしくはプランク長さ）を導入しても、不変量ds^2は保たれるということ。

プランク重さのレベルでは，時空の量子化により，時空に不確定性が生じる。つまり，時空は交換しなくなる。そして，平らで交換しない時空は，曲がったエネルギー・運動量空間を必要とする。ただし，この関係は逆でもかまわない。すなわち，エネルギー・運動量空間が平らで交換せず，時空が曲がっていると解釈してもかまわない。
「平らで交換しない」は，もっとわかりやすく表現するなら，「量子化された」ということだ。
　このような性格をもつ二重相対論は，来るべき量子重力理論の近似とみなすことが可能だ。
　次の第4章では，ここまでで言い残したこと，特に一般相対論とR4について補足してみたい。

第 4 章
量子重力理論の迂回路

第3章では、スナイダー理論を含む二重相対性理論の概要を見た。二重相対論は、将来発見されるであろう真の量子重力理論の「近似」と見なすことができる。時空が曲がっていること、交換関係が存在すること、さらにはエネルギー・運動量空間が曲がっていることなど、真の量子重力理論にも必要とされる、さまざまな性質が明らかになった。

　この章では、アインシュタインの重力理論、さらには量子重力理論への道のりを散歩感覚で辿ることとしよう。

■特殊相対論と一般相対論

　そもそも一般相対性理論の「一般相対性」は、「一般的

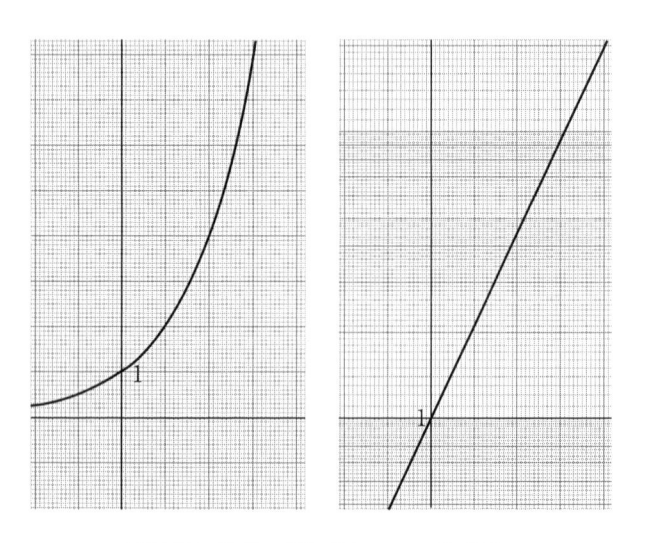

形は異なるが、どちらも $y=a^x$ のグラフ

な座標変換で物理法則の形が変わらない」ことを意味する。その座標変換は，ローレンツ変換のような「特殊な座標変換」を含み，さらに「あらゆる座標変換」にまで一般化されたものなのだ。

アインシュタインは，「仮想的なエレベーターの中にいる観測者にとって，自分の身体にかかっている力が加速度による見かけの力なのか，それとも重力による本当の力なのかを区別する方法は存在しない」ことに気づき，加速度と重力が物理的に等価であると考えた。有名な「等価原理」である（図4-1）。

考え方としては，特殊相対論も一般相対論も，座標系 (t, x, y, z) を別の座標系 (t', x', y', z') に変えてもかまわない。ただし，特殊相対性理論のローレンツ変換の場合に（変換によって変わらない）「不変量」があったのと同様，一般座標変換にも不変量がある。

$$s^2 = -t^2 + x^2 + y^2 + z^2 \quad (特殊)$$
$$ds^2 = -dt^2 + dx^2 + dy^2 + dz^2 \quad (一般)$$

ここで，特殊相対性理論のローレンツ変換は大局的（global）な変換だったが，一般相対性理論の一般座標変換は局所的（local）な変換だから，dx のような微分量が使われる。

具体例として静止したブラックホールの時空の不変量を書いてみよう。

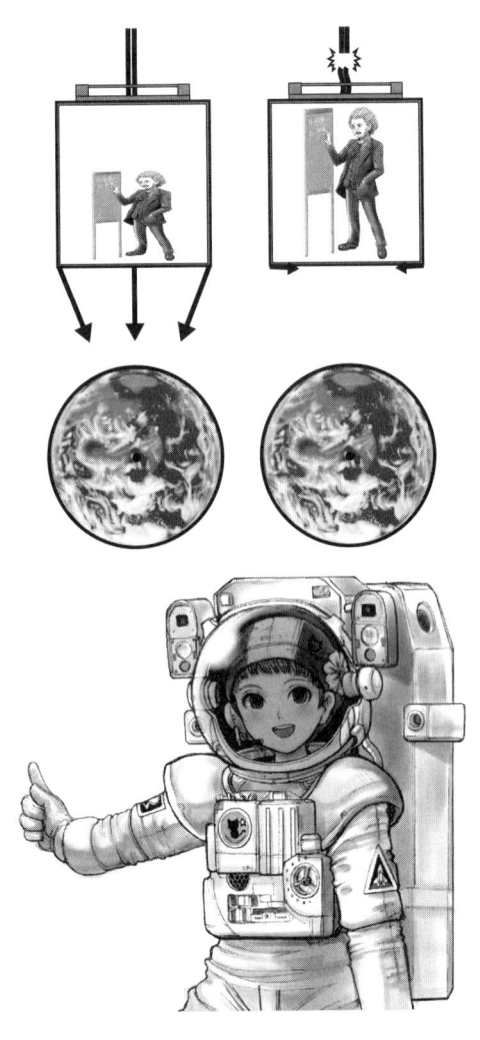

図4-1 エレベーターの思考実験

シュワルツシルト時空

$$ds^2 = -\left(\frac{1-\frac{M}{2r}}{1+\frac{M}{2r}}\right)^2 dt^2 + \left(1+\frac{M}{2r}\right)^4 (dx^2+dy^2+dz^2)$$

$$\left(r = \sqrt{x^2+y^2+z^2}\right)$$

　この式は発見者の名をとって「シュワルツシルト時空」と呼ばれている。Mはブラックホールの質量である。通常は極座標を使うが，このようにデカルト座標で書くこともできる（参考文献『Gravitation』の658ページなどをご覧ください）。

　さて，等価原理によれば，重力は加速度と同じだ。ブラックホールの傍にいる宇宙船が適当な加速度で動けば，重力を打ち消すことができる。なんのことはない，ブラックホールの引力に身を任せて「自由落下」すればいいだけの話である。それは数学的には一般座標変換の一種で，変換後の座標系を局所慣性座標系と呼んでいる。もはやブラックホールの重力は存在しないので，特殊相対論がなりたつことになる。自由落下により，重力で曲がったシュワルツシルト時空は，重力の存在しないミンコフスキー時空になる。

　上記のシュワルツシルト時空は，座標変換で

$$ds^2 = -dt'^2 + dx'^2 + dy'^2 + dz'^2$$

と書くことができる。つまり,

$$\left(\frac{1-\frac{M}{2r}}{1+\frac{M}{2r}}\right)^2 dt^2 = dt'^2$$

$$\left(1+\frac{M}{2r}\right)^4 dx^2 = dx'^2$$

などとなっている。

ただし,ここで「局所」という言葉が重要になってくる。なんと,重力の影響は時空の一点だけでしか消すことができないのである(図4-2)。それは,宇宙船がブラックホールの近くにある状況を思い描いてみればすぐに理解できる。

重力はブラックホールの中心へ向かうから,自由落下しても,宇宙船のあらゆる点で重力を打ち消すことはできない。つまり,最初から平坦で重力が存在しないミンコフスキー時空と,自由落下により局所的に重力を消したシュワルツシルト時空には,やはり物理的な差がある。

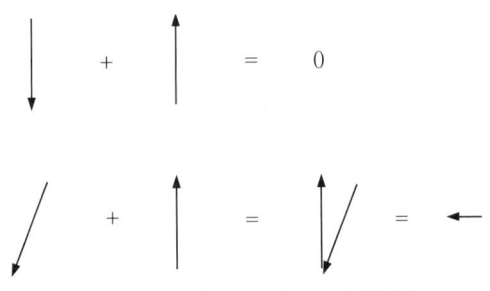

図4-2 重力は時空の一点でしか消えない

物理学科で本格的に一般相対論を学ぶと、さまざまな時空での計算をやらされる。ここに出てきたシュワルツシルト時空は基本中の基本だが、回転しているブラックホールとか膨張している宇宙など、さまざまな時空が「どのように曲がっているのか」を計算する。

 で、その計算は簡単なほうがいいに決まっている。だから、一般座標変換により局所慣性座標系に移って計算をするのだ。さまざまな時空の中で「自由落下」する状況を想像しながら「時空の曲がり方」を計算するわけである。

シュワルツシルトの人生

 ブラックホールの研究で有名なカール・シュワルツシルト（1873〜1916）はドイツの天文学者だ。神童と呼ばれ、ミュンヘン大学で学位を取得した後、ゲッティンゲン大学を経て、ポツダム天文台長に就任。40歳を超えていたにもかかわらず第一次世界大戦に従軍し、ロシア戦線でアインシュタイン方程式を研究していて、ブラックホールの解を発見したという。しかし、非常に稀な皮膚病である水疱症を発症し、戦地で死亡した。

カール・シュワルツシルト

静止した電荷をもたないブラックホールは，その質量の2倍に比例する半径が事実上の「縁」となっていて，それより内側に入ると光でさえ脱出することはかなわない。その半径は今では「シュワルツシルト半径」と呼ばれている。本文に出てきたシュワルツシルト時空の不変量で半径 $r=2M$ のときに時間成分がゼロになってしまうが，それがシュワルツシルト半径の存在を示唆している。

■レッジェ計算

前節で「さまざまな時空での計算をやらされる」と書いた。そんな計算の具体例は巻末の参考書などをご覧いただくとして，ここでは，その計算そのものではなく，計算のフィーリングをつかんでもらうために「レッジェ計算」をご紹介しよう。そもそも，時空の曲がり方を計算するとはどういう意味なのか？

イタリアの物理学者トゥーリオ・レッジェ（1931～）は，1960年代の初めに画期的な一般相対論の計算法を発見した。それは，時空を「三角形」に分割して，時空の曲がり具合（曲率）を計算する手法で，現在でもスーパーコンピュータを用いた重力の計算に用いられている。

まず，何の変哲もない平面を考えよう。ここに適当に点を打っていく。そして，点どうしを結んで平面を三角形で分割する。点にはすべて番号を振っておく。その各点について，周囲の三角形を抜き出してきて，平面にペタリと置く。今の場合は最初から「平面」を分割しているので何

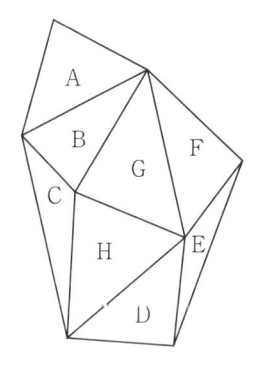

図4-3　平面の三角分割

も変わらないが、ここで三角形の間の隙間の角度を計算する。今の場合は隙間がないのだから角度はゼロである（図4-3）。

次に球面を考えよう。同じようにして球面に適当に点を打っていき、点同士を結んで三角形で分割する。点には番号を振る。その点と周囲の三角形たちを順次、取り出してきて、平面にペタンと押し付けて、隙間の角度を足してゆく。すると、すべての点について角度を足すと4πになるのだ（この4πは、もちろん、球の表面積が$4\pi r^2$であることと関係している！）。

このゼロと4πという数字は、それぞれ平面と球面の曲がり具合、すなわち「曲率」をあらわしている。子供の頃、理科や社会の教材で地球儀を自作したことがある方は、すぐにこの意味がわかるだろう。地球儀上の地図を細く切って平面上に並べると、北極と南極のところがスカスカになってしまう。あれは平面と球面の曲がり具合が異な

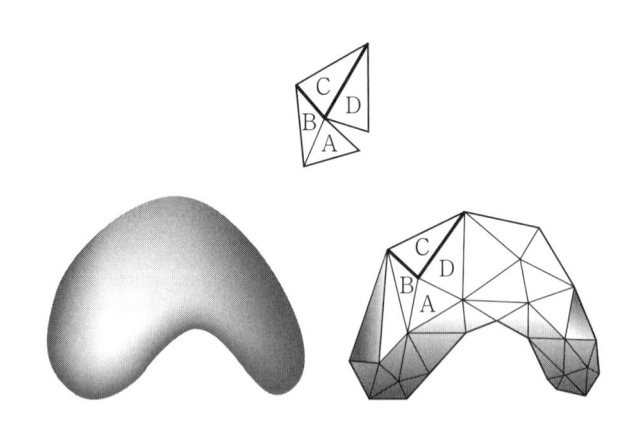

図4-4　球面の三角分割

るからなのだ。

　今度は形がわかっていない曲面で同じことをやってみよう。点を打って三角形で分割し，すべての点について，平面に置いたときの隙間の角度を足し合わせるのだ。すると，それがその曲面の曲がり具合になる。

　この考えは3次元に拡張することが可能だ。3次元空間の場合は，三角形を拡張してピラミッド，すなわち四面体で分割してゆく。そして，点ではなく線分のまわりの四面体を切り出してきて，平らな空間に置いたときの隙間の角度の和がその空間の曲がり具合をあらわすのだ（注：正確には隙間の角度に線分の長さを掛けたものの和が曲率になる。次のシンプレックスの説明も同様）。

さらに4次元に拡張すると、四面体を一般化した「シンプレックス」と呼ばれる図形で4次元時空を分割し、隙間の角度の和がその時空の曲がり具合をあらわすのである。

この「曲がり具合」を左辺として、右辺に「物質やエネルギーの量」をもってくると、それは「物質やエネルギーが時空を曲げる」というアインシュタイン方程式になる。

ここで三角形分割の三角形の大きさをどんどん小さくしていったとき、その大きさがプランク長さの極限ではどうなるのだろう？　それって量子重力理論につながるんじゃないの？

レッジェ計算は、まさにアインシュタイン方程式の離散版なのだが、これに交換関係を課せば量子重力理論になるだろうと推測されるから、単なる計算技巧にとどまらない、ユニークな計算法なのだ。

■ディラックの見果てぬ夢

ところで、すでに出てきたミンコフスキー時空の不変量やシュワルツシルト時空の不変量のdtやdxにかかる係数は、行列を用いて、それぞれ、

ミンコフスキー時空の不変量

$$\begin{pmatrix} -1 & 0 & 0 & 0 \\ 0 & 1 & 0 & 0 \\ 0 & 0 & 1 & 0 \\ 0 & 0 & 0 & 1 \end{pmatrix}$$

シュワルツシルト時空の不変量

$$\begin{pmatrix} -\left(\dfrac{1-\dfrac{M}{2r}}{1+\dfrac{M}{2r}}\right)^2 & 0 & 0 & 0 \\ 0 & \left(1+\dfrac{M}{2r}\right)^4 & 0 & 0 \\ 0 & 0 & \left(1+\dfrac{M}{2r}\right)^4 & 0 \\ 0 & 0 & 0 & \left(1+\dfrac{M}{2r}\right)^4 \end{pmatrix}$$

と書くことができる。この行列のことを「計量」(metric)と呼ぶ。その時空における時間や長さの尺度もしくは測定基準のことである。少し前にイメージの説明で持ち出した通常の方眼紙と片対数グラフを思い浮かべていただければ、計量は、あの「目盛り」の間隔をどう決めるか、ということに相当する。

この計量は一般に (t, x, y, z) あるいは (t, r, θ, ϕ) といった時空座標の関数だから、時空の場所によって値が変わってくる。でも、座標変換により、局所的にはそれを定数にすることができて、それがミンコフスキー計量なのだ。また、最初から大域的にミンコフスキー計量の場合もある（無論、宇宙には実際に星やブラックホールがあるし、どんな物体でもその近傍の時空は重力で歪んでいるわけだから、ミンコフスキー時空というのは、あくまでも近似なわけだが！）。

第4章　量子重力理論の迂回路

　重力を量子化するために，この計量に交換関係を課してみたらどうだろう？

　実は，それは可能であり，第2章でご紹介したブラケット記法を発明したディラックが先鞭をつけた。ディラックは，量子論の研究で有名だが，実は重力理論の研究にも余念が無く，フロリダ大学における講義をまとめた『一般相対性理論』（江沢洋訳，ちくま学芸文庫）は，今でもアインシュタインの重力理論の簡潔な教科書として読み継がれている。

　ディラックは，交換関係の方法を拡張して，重力の量子化に挑戦した。その試みは，後にアーノウィット，デザー，ミスナーの3名の研究者によりADM形式として結実することになる。きわめて数学的な話なので，本書では深入りできないが，この方面での発展は，80年代にアシュテカーが使い始めた「新しい変数」の試みが功を奏し，80年代後半にはスモーリン，ロベッリらによって「ループ量子重力理論」が構築された。

　ディラック，ADM形式，アシュテカー，ループ量子重力理論という一連の流れは，ある意味，量子重力理論の正統といっていい。本書で取り上げた二重相対論についても，

ループ量子重力理論 → 低エネルギー近似 → 二重相対論

というつながりが強く示唆され，いくつもの論文が出ている状況だ。

重力の量子化の概要

　123ページのコラムで交換関係が微分演算子の形で実現できることをご紹介した。重力の量子化の解説は複雑すぎて深入りできないが、その「発想」だけなら、次のように書くことが可能だ。

$$g_{ij}(t, \underset{\text{関数という意味}}{x}, y, z) \text{ と } P^{ij}(t, x, y, z) = -i\frac{\delta}{\delta g_{ij}}$$

の間の交換関係を考える：

$$[g_{ij}, P^{ij}] \neq 0$$

　つまり、計量gを通常の量子論の座標と見なして、交換関係を課すのである。微分の記号dの代わりに関数の「微分」の記号δになっていることに注意していただきたい。形の上では、量子論の交換関係と同じなのである。

　とはいえ、発想はカンタンでも、実際にきちんとした量子化をおこなうのは大変な作業だ。

■エキゾチックな微分構造

　がらりと話が変わるが、量子重力や時空構造とのからみで、最近、『Exotic Smoothness and Physics』（Torsten Asselmeyer-Maluga and Carl H. Brans, World Scientific）という本を読んでいる。むかし『エキゾチックな球面』

（野口宏，ダイヤモンド社）という数学の本を読んで以来，ボクはエキゾチックな微分構造に惹かれていて，その感覚はどことなくスナイダーの論文から受けた印象と似ている。

エキゾチックな球面というのは，ふつうとはちがう球面のことだ。どうちがうかといえば，微分構造がちがうのである。微分ができるというのは「なめらか」ということだ。そのなめらかさがちがう。ようするに「微分の計算方法がちがう」のである。

こりゃあ大変だ。学校で教わる微分積分を習得するのに閉口した憶えがあるのに，それ以外の計算方法まで憶えなくちゃいけないなんて酷だよ。

そう思われるかもしれないが，どうやら，この宇宙に関しては，学校で教わった微分の計算でいいらしいから，あまり心配しないでほしい。

球面という言葉にも解説が必要だろう。いわゆる球面は「2次元球面」のことで，それは球面の上にx座標とy座標を貼り付ければあらゆる位置が指定できるから「2次元」なのだ。無論，地球儀みたいに緯度と経度という座標を貼り付けたほうが効率がいいわけだが。

同様にして円周は「1次元球面」だ。なぜなら山手線に駅があるように，円周上にx軸の座標を貼り付ければ，円周上の位置が指定できるからだ。

3次元球面以上のn次元球面は思い描くことができないが，同じようにして理解できるだろう。数学者は，常に物事を一般化するから，いくらでも高い次元の球面を研究す

る。

さて，1次元球面上に関数$f(x)$があったとして，それをxで微分する計算は，特に問題ないように思われる。2次元になると変数が2つになるけれど，やはり学校で教わる計算で間に合うだろう。どんどん一般化していけば，変数が増えるだけだから，何も問題はないように思われる。ところが，1956年にミルナーという数学者が，「7次元球面にはエキゾチックな微分構造が27個も存在する」ということを証明してしまった。通常の微分構造と合わせて，7次元球面には28個の微分構造があることがわかったのだ。それまで，微分の計算方法が何種類もあるなんて誰も想像していなかったから，数学界には衝撃が走った。

その後，エキゾチックな球面は続々と発見され，今では次の表のような大変なことになっているのだ（表4-1）。

次元数	1	2	3	4	5	6	7	8	9	10	11
微分構造の数	1	1	1	?	1	1	28	2	8	6	992
次元数	12	13	14	15	16	17	18	19		20	
微分構造の数	1	3	2	16256	2	16	16	523264		24	

表4-1 各次元でのエキゾチックな球面

これだけではない。曲がっている球面ではなく，ふつうの数直線（R1）や方眼紙（R2）のような平らなユークリッド空間Rnについては，もっと凄いことがわかっている（Rは英語のreal number，すなわち実数から来ている）。R4以外のあらゆるRnには微分構造が1つずつしかないけれど，R4だけは非可算無限個の微分構造が存在することが証明されたのである。（非可算とは，「数えられないほど多い」という意味。自然数は無限だが背番号をつけて数えることができるから可算無限という。それに対して，実数，すなわち小数点であらわされる数は背番号がつけられないほど多いから非可算無限という）

　ミンコフスキー時空は(t, x, y, z)という4つの座標であらわされるから，その下敷きになっているのはR4だ（下敷きの上には計量が乗っている！）。われわれが棲んでいる宇宙は（重力などの影響を除けば）R4なのだ。たしかに高次元宇宙などの予言もあるが，とにかく，今われわれが観測できる宇宙はR4になっている。そして，そのR4だけが非可算無限個の微分構造を許している。これは，単なる偶然だろうか？

　話が抽象的で申し訳ない。読者からは「学校で教わった微分の計算法と，エキゾチックな微分構造とではどうちがってくるのか，具体例をあげろ！」というお叱りの言葉を頂戴しそうである。

　だが，今現在，世界中のどんなに頭のいい数学者も物理学者も，エキゾチックな微分構造の世界における計算の具体例をあげることはできない。なぜなら，微分をおこなう

ためには，まずはその世界全体を覆う座標系が必要なのだが，人類の数学はそこまで発達していないので，そんな座標系は発見されていないのだ（世界を覆う座標系のことを数学では「地図帳」を意味する「アトラス」（atlas）とか「座標断片」（coordinate patch）と呼ぶ。「断片」というのは，必ずしも1つの座標系だけで世界全体を覆えるとは限らず，いくつかの断片を使う必要があるから。パッチワークみたいなイメージである）。

　数学には，よくこういう事態が生じる。何かが存在することは証明できるが，それが具体的にどんな形をしているのかはわからないことが多い。エキゾチックな微分構造の話もそういった「存在」のレベルの話なのだ。

　ボクは，ときどきこんな夢想をする。R4に無限の微分構造があるのなら，実際に無数のエキゾチックな宇宙が存在するのではあるまいか。いや，R4だけに無限の微分構造があるからこそ，われわれの宇宙も存在しているのではないのか。もしもわれわれの宇宙がR4でなかったなら，可能な宇宙は数が限られてしまうから，われわれのような知的生命体が存在する可能性もほとんどゼロに近いはずだ。R4に無限のバリエーションが存在するから，われわれも「存在」の恩恵をこうむっているのではないだろうか。

　いや，物理の本なのに，少し話が哲学的になりすぎましたな。

　話を元に戻して，球面の表をもう一度ご覧いただきたい。4次元球面のところが「？」になっているではない

か。実は、これは「まだ何個かわかっていない」ことを示している。おおかたの数学者は4次元球面の微分構造が2つ以上だと信じているようだが、もしかしたらR4と同じように非可算無限個かもしれない！

このエキゾチックな4次元の話と量子重力の話、ともに時空構造の根本的なところを研究しているのだから、いずれ「つながる」可能性が高いとボクは思っている。非可算無限の可能な世界がある、という数学の話が「非可算無限個の並行宇宙が存在する」という物理の話に昇華したら、ものすごいことになると思うのだが——。

微分構造が同じ、微分構造がちがう？

2次元球面を例に微分構造がエキゾチックだという意味を感じ取ってみよう。

まず、適当な網目（座標系）のついた球面1と別の網目のついた球面2を用意する。次に、球面1から球面2への写像をhと書く（ようするに関数である！）。ここでhが微分可能で、また、逆写像のh^{-1}も微分可能なら、hは「微分同型写像」という。球面1と球面2は、微分同型写像hが存在するなら「微分同相」(diffeomorphic) という。

微分可能というのは、「なめらか」という意味であり、たとえば球面1の上に描かれた絵が球面2の上で（デフォルメされていても）判別可能というようなイメージだ。もし、デフォルメがひどく、絵が全く判別不可能ならhは微分可能でない。

イメージできない人は，曲がった鏡を思い浮かべるといいだろう。球面1が球面2に写る。球面2が球面1に映る。曲がった鏡だからデフォルメされるけれど，お互いの表面に描いてある絵がデフォルメされつつも，なめらかに映って判別できれば，微分同相といっていい。デフォルメの結果がめちゃくちゃで絵が判別不可能なら微分同相でない。そんな感じである。

　2次元球面同士の場合，（探せば）必ず微分可能なhが見つかる。だから，すべての2次元球面は微分同相なのだ。

　それに対して，7次元球面の場合，互いになめらかに写ることができないような球面が27種類ある。ふつう

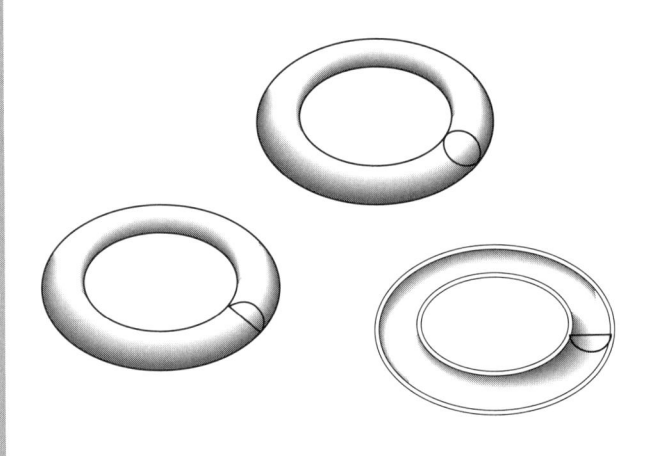

図4-5　S1×S1は「ベーグル」になる

の微分構造をもつ7次元球面と27のエキゾチックな微分構造をもつ球面の計28種類が存在するのだ。

ところで、エキゾチックな微分構造の具体的な形はわからないと書いたが、それは「座標を使った計算方法がわからない」という意味であり、どうやってエキゾチックな微分構造をつくればいいかはわかっている。その一つをご紹介しておこう。

準備として、S1(＝1次元球面＝円)を2つ用意して、掛け算をしてみよう。S1×S1 は、図（図4-5）のように「ベーグル」になる。このベーグルを半分にスライスする。本物のベーグルなら、ここにクリームチーズを塗ってサーモンでもはさんで食べるところだが、今は数学をやっているので、切った面を「ひねって」から再びくっつけてみる。でも、どうやってひねるのか。

円周上の点は、複素数であらわすと、

$$u = x + iy \quad |u| = \sqrt{x^2 + y^2} = 1$$

となる。なんのことはない。グラフの横軸を実数、縦軸を虚数とする（いわゆる）ガウス平面で、絶対値が1の点の集まりが「円」だからである。

さて、ベーグルの上半分の点 (u, v) を下半分の点 (u, uv) に貼り合わせる。uv は複素数の掛け算である。この単純なひねりを7次元球面の場合に応用しよう。

S4×S3 を考える。これは7次元球面である。S4を（ベーグルを切ったように）赤道で半分に切ってしまう。すると、7次元球面は、2つの S3×S3 に分かれる

ことになる。便宜上，それを上半分と下半分と呼ぶことにしよう。で，上半分の点 (u, v) を下半分の点 (u, uv) と貼り合わせるのである（注：ただし，u と v は複素数を拡張した四元数＝クオータニオンである）。

　こうやってひねってできた7次元球面こそが，ミルナーが発見したエキゾチックな球面だったのである！　7次元の例を思い浮かべていただく必要はない。ふつうのベーグルの例で想像してみてください。

　数学的には単純なひねりのように思われるが，「曲がった鏡」の歪みはとりかえしがつかないほどひどくなり，7次元球面とエキゾチックな7次元球面を向かい合わせにしても，もはやなめらかな絵が映ることはない。

エピローグ

　本来は量子重力理論の本を書くはずだった。

　だが，量子重力理論はきわめて数学的な色彩が強く，ちょっとやそこら数式を並べてみたところで，一般の物理ファンに喜んでもらえるような本は書けない，という思いがボクの中で日増しに強くなっていった。

　そこで，思いきって書き始めていた原稿を破棄して，量子重力理論の「入り口」までを「時空の物理学」という観点からふりかえることにした。

　ボクは，もともと中途半端なことに意義を見いだす，奇異な物書きである。小説家のように世間ウケすることもなく，学校の教科書として採用される安定性もなく，ひたすら，中途半端に数式を使った本を書き続けてきた。

　もっとも，ブルーバックスでは『熱とはなんだろう』以外では，あまり数式を多用した憶えがない。もともとブルーバックスは「数式なしで読める科学新書」という位置づけの時代が長かったから，ボクも先達の例に做って，なるべく数式を使わずに書いてきた。

　本書に登場する数式は，特殊相対論レベルでは，四則演算と平方根だけだし，行列は「掛け算」の規則さえ理解すれば計算を追うことができる。微分演算子も出てくるけれど，必要になる計算規則は説明してある。第3章の二重相

エピローグ

対論のところは，さすがに読者に数式を追ってもらうことはあきらめた。もともとバリバリの研究論文なので，物理学の大学院レベルの知識がないと数式は読みこなせない。物理的な「意味」の説明は押さえたつもりなので，数学の説明不足の点は，どうかお赦し願いたい。

とにかく，数式ゼロの「お話」と大学・大学院レベルの「専門書」の間をつなぐ本という意味で，中途半端な科学作家にしか書けない本になった気がする。←反省なのか自慢なのかわからないところも中途半端である（汗）。

さて，このエピローグでは，言い残した話をまとめて綴ってみよう。随筆よろしく綴るのであるから，読者のみなさんもリラックスして適当に聞き流していただければと思う。

まず，時空の量子化のからみでは，スナイダーと並んで触れておかなくてはならないのが湯川秀樹だろう。湯川は日本人初のノーベル賞受賞者ということで，ボクたちの世代にとっては英雄以外の何者でもなく，素粒子物理学が日本のお家芸にまで発展したのも，湯川秀樹という「お手本」があったせいだと思う。

湯川は晩年，「素領域」(elementary domain)の研究に打ち込んでいた。湯川自身は，唐の李白の詩「天地は万物の逆旅にして，光陰は百代の過客なり」に触発されて，素領域理論のアイディアを思いついたそうだ（逆旅は宿屋のこと）。

「もしも天地という代りに3次元の空間全体，万物という

191

代りに素粒子という言葉を使ったとすると、空間は分割不可能な最小領域から成り、そのどれかを占めるのが素粒子ということになる。この最小領域を素領域と名づけることにしよう」(岩波講座　現代物理学の基礎　第2版　10「素粒子論」)

この考えは、今でいえば時空の量子化ということになるのであろうが、湯川自身は、自らの素領域理論が未完であることを認めつつ、次のように結んでいる。

「このような方向に進んでゆくと、結局は何らかの意味における時空自身の量子化という問題に突きあたらざるを得ないかも知れない。素領域という概念自体も、背後に4次元連続体としてのMinkowski空間を想定している点で、まだ不徹底であるのかも知れない。しかし、その解明はすべて今後に残されている」(同上)

アインシュタインも晩年、未完の統一場理論の研究にのめりこんでいたが、湯川も素領域という独自の研究を推し進めていたわけだ。残念ながら、数学や実験のレベルが未熟であることなど、さまざまな環境要因の不足もあって、彼らの研究が完成されることはなかったが、アイディアそのものは、いまだに斬新だし、現代の物理学の最前線の方向とも一致している。やはり天才と呼ばれる人々は、学問的な流行に振り回される人々とちがって、どこか一本、筋が通っている。

エピローグ

　超ひも理論と並んで量子重力理論の有力候補とされる「ループ量子重力理論」では,「面積」が量子化され,デジタルになることがわかっている。ちょうどバネの量子化によりバネのエネルギーに最小単位が生まれ,デジタルになったのと同じだ。これは,ある意味,現代版の「素領域」といえるかもしれない。

　次に,『「場」とはなんだろう』にも書いた話なのだが,必要なのでここでくりかえすことにする。それは古代中国の指南車とオートジャイロの話である。
　中国の伝説の皇帝「黄帝」が戦いのために作らせた指南車は,その名のごとく,どんなに走り回っても常に南を指し続ける人形がついた台車だ。今だったら磁石とかGPSがあるけれど,指南車は完全に機械仕掛けになっていたようだ。左右の車輪の回転の差にしたがって,台車についている人形が指差す方向が変わる仕組みだ（たくさんのギアが必要になるだろう！）。
　ボクは,この指南車を設計した部下は黄帝にひどく叱られたのではないかと思う。なぜなら,実際にはこの指南車,まったく使い物にならなかったはずだからだ。完全な平面上を動いているときには,たしかに指南車の人形は南を指し続ける。でも,道が窪んでいて,左の車輪だけが足を取られたりすると,誤差が生じてしまい,人形は正確に南を指し続けることができなくなってしまう。だから,下手したら,指南車を設計した人は黄帝の怒りを買って処刑されてしまった可能性すらある。

でも、ボクが設計者だったら、黄帝にこう弁明するだろう。
「いいえ、この機械は、地面がどれくらい曲がっているかを測定することに使えます。曲面の曲率を測定する画期的な装置なのです」
　うーん、曲率の意味も説明しないといけないから面倒になるだろうが、黄帝はニヤリと笑って許してくれるかもしれない。
　もうお気づきのように、この指南車、やってることはレッジェ計算と同じなのだ。ある点のまわりを指南車でぐるりと一周して、人形の指差す方向がどれくらい南からズレているか。そのズレが曲がり具合をあらわしている。
　さて、2次元曲面の曲率を測定するのが指南車だとすると、3次元空間の曲率を測定するのがオートジャイロだ。えーと、科学教材に明るい人なら「地球ゴマ」というのを御存じだろう。ようするに独楽（こま）が回っているのだ。独楽は力を加えないかぎり、その軸は空間のある方向を指し続ける（回転が弱くなって倒れないかぎり！）。宇宙船にオートジャイロを積んで、地球の周囲を一周して帰ってくると、その経路の空間が平らならオートジャイロの軸の方向は最初と変わらないが、経路の空間が曲がっていると、その曲がり具合に応じてオートジャイロの軸の方向はズレる。つまり、オートジャイロは3次元版の指南車なのだ。実際に地球の周囲は重力の影響で曲率がゼロでないから、オートジャイロの軸は微妙にズレることがわかっている。
　このオートジャイロは大きい。だから、アインシュタイ

ンの一般相対性理論があてはまるような巨視的な世界の曲率を測るのに好都合だ。

では,もっと小さな世界の曲率を測るにはどうすればいい？ なにか道具はないだろうか？

実は,素粒子のスピンがオートジャイロとして使えるのである。スピンは量子的な概念で,オートジャイロみたいに物質という実体が回転しているわけではないが,むしろ,「回転の素」というべきで,元祖オートジャイロと表現してもいいくらいだ。スピンをもった素粒子が空間を移動し,ループを描いて元に戻ってくる。このスピンには,ループの経路の曲率の情報が含まれている。レッジェ計算やオートジャイロのときと同じように,曲率の情報を引き出すには,どうすればいいのか？

それが「ループ量子重力理論」への入り口となる。スピンがループを描いて戻ってくると時空の曲率の情報が蓄えられる。この「ループ」がループ量子重力のネーミングの由来だ（もちろん,教科書にはもっと数学的な定義が載っているのだが）。

以上で「つけたり」はおしまい。

ここから先,ループ量子重力理論へ進みたい読者には,たとえば「http://sps.nus.edu.sg/~wongjian/lqg.html」に出ている文献をオススメする。ここに紹介されている論文やレビューを読めば,ループ量子重力の「あらすじ」が理解できるだろう。同時に,なぜ,中途半端に数式を使った本ではループ量子重力理論がきちんと説明できないのか,

その理由もおわかりいただけるだろう。

ただし,こういった文献を読みこなすには,大学院レベルの数学の知識が必要とされるから,準備として,『Gauge Fields, Knots and Gravity』(John Baez & Javier P. Muniain, World Scientific) あたりで基礎を勉強するのも一つの手だろう。この本にはADM形式の話も書いてあってオススメである。

謝辞
　ボクの遅れ気味の原稿を辛抱強く待ってくれた,ブルーバックス出版部の梓沢修氏からは,的確なアドバイスをいただきました。
　若き友人の武藤雅基氏と金子雄太氏には,専門の物理学の立場から数式のチェックをしてもらいました(とはいえ,万が一,数式の誤りが残った場合は竹内の責任です)。
　妻のかおりは深夜の執筆中に珈琲をいれてくれ,猫たちはキーボードの上に乗って強制的な休憩をとらせてくれました。みんな,ありがとう。
　そして,最後までお読みくださった読者のみなさまに心から感謝いたします！

2010年　春　竹内薫

参考文献

■第1章
◇ミンコフスキー図の原論文（の英訳）
H. A. Lorentz, A. Einstein, H. Minkowski and H. Weyl『The Principle of Relativity』（Dover）所収の「Space and Time」

◇ミンコフスキー図のわかりやすい説明（いやあ，タネ本にさせてもらっております）
Ellis and Williams『Flat and Curved Space-Times』（Oxford）

◇相対性理論を使う素粒子計算のための実用書（これを読まずして特殊相対論を語るべからず！）
Hagedorn『Relativistic Kinematics』（Benjamin/Cummings）

■第2章
◇量子論の考え方を丁寧に解説してある教科書（最初に読むといいかも）
『基礎量子力学』町田茂著（丸善）

◇行列形式の量子論のコンパクトな教科書（天の邪鬼なあ

なたのため……)
『ハイゼンベルク形式による量子力学』H. S. グリーン著, 中川昌美訳 (講談社)

◇抽象的だがきわめて有益な最高傑作 (ツンツンしていて冷たくされるけど, 溺愛してしまう)
『量子力学』ディラック著, 朝永振一郎, 玉木英彦, 木庭二郎, 大塚益比古, 伊藤大介 共訳 (岩波書店)

■第3章
◇スナイダーの論文
Hartland S. Snyder「Quantized Space-Time」*Phys. Rev.* 71, 38-41 (1947)

◇物理の学校の講義録
J. Kowalski-Glikman「 Introduction to Doubly Special Relativity」*Lect. Notes Phys.* 669, 131-159 (2005)

◇二重相対論の時空の解像度と曲率の話
Florian Girelli, Etera R. Livine and Daniele Oriti「Deformed special relativity as an effective flat limit of quantum gravity」*Nuclear Physics B*, Volume 708, Issues 1-3, 28 February 2005, Pages 411-433

■第4章
◇コンパクトで読破することができる古典

『一般相対性理論』ディラック著，江沢洋訳（ちくま学芸文庫）

◇電話帳の異名をとる教科書（この本，本気で愛してます，ボク）
『Gravitation』Charles W. Misner, Kip S. Thorne, John Archibald Wheeler（Freeman）

■拙著
◇別に商売っ気を出しているわけじゃないが，本書で割愛した計算が出ていたりするので，ちら見していただくと参考になるかもしれません。

『ペンローズのねじれた四次元』（ブルーバックス）←ローレンツ変換では，目の前を通りすぎる宇宙船が「回転」して見えることの説明あり

『アインシュタインとファインマンの理論を学ぶ本』（工学社）←第1章にミンコフスキー図の方法，第3章にアインシュタイン方程式の計算あり

『次元の秘密』（工学社）←ローレンツ変換が時空の「回転」（角度が虚数の回転？）であることなど

『宇宙のシナリオとアインシュタイン方程式』（工学社）←第2章にアインシュタイン方程式の計算あり

◇以下，自分でも懐かしい「ゼロから」シリーズで本書と内容がかぶるものをあげておきます。

『ゼロから学ぶ量子力学』(講談社サイエンティフィク)
『ゼロから学ぶ相対性理論』(講談社サイエンティフィク)
『ゼロから学ぶ超ひも理論』(講談社サイエンティフィク)

さくいん

【数字】

1次元球面	181
2次元球面	181
2次元曲面	193
2次元ユークリッド空間	60
3次元球面	181
4次元ドジッター空間	136
5次元ミンコフスキー時空	137

【アルファベット】

ADM形式	179
$\hbar$	25
MKS単位系	23, 153
n次元球面	181
SI単位系	23

【あ行】

位相	75
位相空間	97
位置	26, 73
位置座標	88, 97
一般座標変換	173
一般相対性	168
一般相対性理論	26, 168
宇宙定数	137
宇宙の制限速度	9
運動量	26, 60, 73, 88, 97
運動量空間	139, 146
運動量の時間成分	134
エキゾチックな球面	181
エキゾチックな微分構造	182, 185
エディントンのエプシロン	155
エネルギー演算子	115
エネルギー準位	114
エネルギーの最小の塊	116
エネルギー量子	116
演算子	99, 101, 104, 112
オートジャイロ	193
オペレーター	105

【か行】

解像度	162
回転	60, 133
回転の素	194
角運動量	75, 79, 80, 133, 140, 154
角運動量保存の法則	75
確率の波	109
重ね合わせ	71, 108
可能性	110
ガリレイ変換	31

間主観的	67	光子	48, 93
慣性座標系	150	光速	25, 48, 66
観測	67, 109	固有状態	114
観測者	92		
観測装置	95, 109		
観測対象	92, 95		

【さ行】

幾何学単位系	27	サイクロイド曲線	122
擬球面	137	座標変換	169, 178
期待値	72, 76, 78, 99	作用素	105
軌道	76	時空	7, 137
軌道角運動量	76	時空図	43, 47
基本ベクトル	102, 106	時空における距離	60
球面	181	時空の曲がり方	173
共同主観	67	時空(の)量子化	143, 146, 166
共変	146	次元	7
行列	79, 84, 123	四元数	188
行列の掛け算	90	自然単位系	25, 30, 152
行列の対角化	124	斜交軸	44, 52, 66
局所	172	斜交軸のグラフ	43
局所慣性座標系	173	自由落下	171
局所的	178	重力	8
局所的な変換	169	重力定数	26, 152
局所的に平ら	160	重力の量子化	180
曲率	175	重力理論	26
虚数	71	重力列車	119
クオータニオン	188	シュレディンガー流	105
くりこみ	146	シュワルツシルト時空	171
くりこみ理論	131	状態	97
計量	60, 137, 178, 180	シンプレックス	177
経路積分	81	スナイダー	130
ケット	97, 99, 107	スナイダー論文	133
ケットブラ	99	スピン	76, 88, 194
交換関係	81, 116, 119, 133, 162	ゼータ関数	148

摂動	131
ゼロ点エネルギー	116
双曲線	64
相対性理論（相対論）	6, 18
測定誤差	73
素粒子	73
素領域	190

【た行】

大域的	178
対角化	114
大局的な変換	169
縦偏光	94
ダブル相対論	9
単位系	23
超ひも理論	135, 148
調和振動子	110
直交軸	44, 52, 66
ディラック定数	25, 73, 75, 152
電子	93
等価原理	160, 171
同型	161
同時	54
特殊相対性理論	30, 59
時計の遅れ	21, 39, 57
ドジッター空間	139, 146, 157
ドジッター(の)宇宙	136, 138
トリヴィアル	161, 162

【な行】

内積	98, 106
波	109
二重相対論	9, 66, 130, 150, 165
ニュートン力学	18, 90

【は行】

ハイゼンベルクの不確定性原理	70
ハイゼンベルク流	105
波動	105
反変	146
非可換	159
非可算無限	185
非対角成分	125
微分演算子	123
微分構造	185
微分同相	185
ヒルベルト空間	98, 109
不確定性	25, 81, 116, 119, 164
不確定性原理	73
複素共役	99
複素数	71, 99
ブースト	59, 150, 154
ふつうの数	87, 112
物理量	104
不変量	135, 137, 165, 169
ブラ	97, 99, 107
ブラケット	97
ブラックホール	171
プランク・エネルギー	66
プランク重さ	28, 149, 150, 152, 157
プランク定数	25, 73

プランク長さ
　66, 134, 142, 149, 150, 153, 157, 164
平均値　　　　　　　　72, 99
並行宇宙　　　　　　　　185
ベクトル　　　　　　　　98
ベクトル空間　　　　　　98
ベーグル　　　　　　　　187
変形相対論　　　　　　　150
偏光　　　　　　　　　　94

【ま行】

ミンコフスキー時空
　　　　　　　60, 137, 171
ミンコフスキー図 43, 50, 54, 61
目盛り　　　　　　　　　178
面積　　　　　　　　　　192

【や行】

ユークリッド空間　　　　183
横偏光　　　　　　　　　94

【ら行】

離散的　　　　　　　　　80
粒子数　　　　　　　　　75
量子　　　　　　　　　7, 73
量子化　　　　　　　　　110
量子重力理論　　　　　　143
量子条件　　　　　　　　79
量子論　　　　　　70, 88, 119
ループ量子重力理論　179, 192
レヴィ＝チヴィタ記号　　155
レッジェ計算　　　　　　174
連続的　　　　　　　　　80
ローレンツ収縮　　21, 35, 57
ローレンツ不変　　　　　135
ローレンツ不変性　　　　144
ローレンツ不変量　　　　59
ローレンツ変換
　　　29, 30, 35, 43, 133, 144, 169

N.D.C.421　205p　18cm

ブルーバックス　B-1675

量子重力理論とはなにか
二重相対論からかいま見る究極の時空理論

2010年3月20日　第1刷発行
2022年9月6日　第5刷発行

著者	竹内　薫	
発行者	鈴木章一	
発行所	株式会社講談社	
	〒112-8001　東京都文京区音羽2-12-21	
電話	出版　03-5395-3524	
	販売　03-5395-4415	
	業務　03-5395-3615	
印刷所	(本文印刷) 株式会社KPSプロダクツ	
	(カバー表紙印刷) 信毎書籍印刷株式会社	
本文データ制作	講談社デジタル製作	
製本所	株式会社国宝社	

定価はカバーに表示してあります。
©竹内　薫　2010, Printed in Japan
落丁本・乱丁本は購入書店名を明記のうえ、小社業務宛にお送りください。送料小社負担にてお取替えします。なお、この本についてのお問い合わせは、ブルーバックス宛にお願いいたします。
本書のコピー、スキャン、デジタル化等の無断複製は著作権法上での例外を除き禁じられています。本書を代行業者等の第三者に依頼してスキャンやデジタル化することはたとえ個人や家庭内の利用でも著作権法違反です。
Ⓡ〈日本複製権センター委託出版物〉複写を希望される場合は、日本複製権センター（電話03-6809-1281）にご連絡ください。

ISBN978-4-06-257675-8

発刊のことば

科学をあなたのポケットに

二十世紀最大の特色は、それが科学時代であるということです。科学は日に日に進歩を続け、止まるところを知りません。ひと昔前の夢物語もどんどん現実化しており、今やわれわれの生活のすべてが、科学によってゆり動かされているといっても過言ではないでしょう。

そのような背景を考えれば、学者や学生はもちろん、産業人も、セールスマンも、ジャーナリストも、家庭の主婦も、みんなが科学を知らなければ、時代の流れに逆らうことになるでしょう。

ブルーバックス発刊の意義と必然性はそこにあります。このシリーズは、読む人に科学的に物を考える習慣と、科学的に物を見る目を養っていただくことを最大の目標にしています。そのためには、単に原理や法則の解説に終始するのではなくて、政治や経済など、社会科学や人文科学にも関連させて、広い視野から問題を追究していきます。科学はむずかしいという先入観を改める表現と構成、それも類書にないブルーバックスの特色であると信じます。

一九六三年九月

野間省一